電子・デバイス部門
- 量子物理
- 固体電子物性
- 半導体工学
- 電子デバイス
- 集積回路
- 集積回路設計
- 光エレクトロニクス
- プラズマエレクトロニクス

新インターユニバーシティシリーズのねらい

編集委員長　稲垣康善

　各大学の工学教育カリキュラムの改革に即した教科書として，企画，刊行されたインターユニバーシティシリーズ*は，多くの大学で採用の実績を積み重ねてきました．

　ここにお届けする新インターユニバーシティシリーズは，その実績の上に深い考察と討論を加え，新進気鋭の教育・研究者を執筆陣に配して，多様化したカリキュラムに対応した巻構成，新しい教育プログラムに適し学生が学びやすい内容構成の，新たな教科書シリーズとして企画したものです．

*インターユニバーシティシリーズは家田正之先生を編集委員長として，稲垣康善，臼井支朗，梅野正義，大熊繁，縄田正人各先生による編集幹事会で，企画・編集され，関係する多くの先生方に支えられて今日まで刊行し続けてきたものです．ここに謝意を表します．

新インターユニバーシティ編集委員会

編集委員長　稲垣 康善（豊橋技術科学大学）

編集副委員長　大熊 繁（名古屋大学）

編集委員　藤原 修（名古屋工業大学）[共通基礎部門]

山口 作太郎（中部大学）[共通基礎部門]

長尾 雅行（豊橋技術科学大学）[電気エネルギー部門]

依田 正之（愛知工業大学）[電気エネルギー部門]

河野 明廣（名古屋大学）[電子・デバイス部門]

石田 誠（豊橋技術科学大学）[電子・デバイス部門]

片山 正昭（名古屋大学）[通信・信号処理部門]

長谷川 純一（中京大学）[通信・信号処理部門]

岩田 彰（名古屋工業大学）[計測・制御部門]

辰野 恭市（名城大学）[計測・制御部門]

奥村 晴彦（三重大学）[情報・メディア部門]

通信・信号処理部門
- 情報理論
- 確率と確率過程
- ディジタル信号処理
- 無線通信工学
- 情報ネットワーク
- 暗号とセキュリティ

新インターユニバーシティ

半導体工学

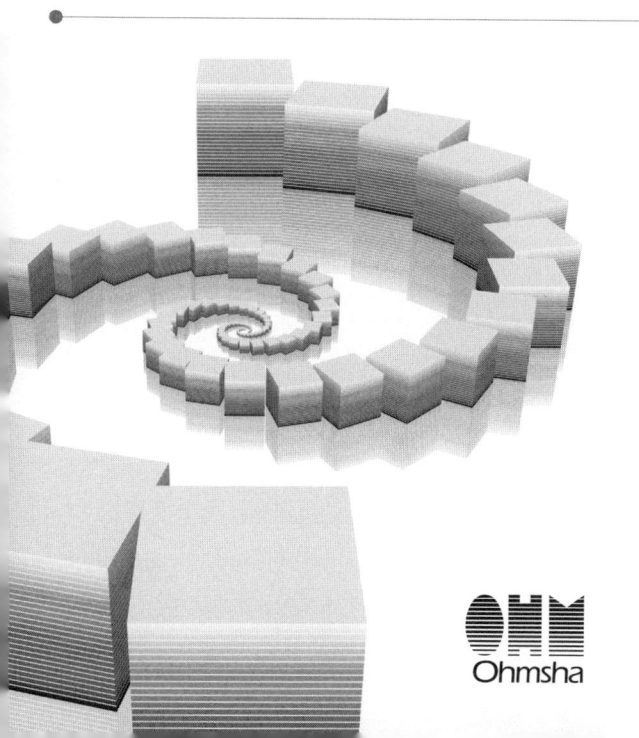

平松 和政 編著

Ohmsha

「新インターユニバーシティ 半導体工学」
編者・著者一覧

編著者	平松　和政	（三重大学）	[序章, 1～4章]
執筆者	元垣内敦司	（三重大学）	[序章, 1～4章]
（執筆順）	伊藤　明	（鈴鹿工業高等専門学校）	[5, 6章]
	市村　正也	（名古屋工業大学）	[7, 8章]
	徳田　豊	（愛知工業大学）	[9, 10章]
	山口　雅史	（元名古屋大学）	[11, 12章]

本書を発行するにあたって，内容に誤りのないようできる限りの注意を払いましたが，本書の内容を適用した結果生じたこと，また，適用できなかった結果について，著者，出版社とも一切の責任を負いませんのでご了承ください．

本書は，「著作権法」によって，著作権等の権利が保護されている著作物です．本書の複製権・翻訳権・上映権・譲渡権・公衆送信権（送信可能化権を含む）は著作権者が保有しています．本書の全部または一部につき，無断で転載，複写複製，電子的装置への入力等をされると，著作権等の権利侵害となる場合があります．また，代行業者等の第三者によるスキャンやデジタル化は，たとえ個人や家庭内での利用であっても著作権法上認められておりませんので，ご注意ください．

本書の無断複写は，著作権法上の制限事項を除き，禁じられています．本書の複写複製を希望される場合は，そのつど事前に下記へ連絡して許諾を得てください．

出版者著作権管理機構
（電話 03-5244-5088, FAX 03-5244-5089, e-mail：info@jcopy.or.jp）

JCOPY ＜出版者著作権管理機構　委託出版物＞

目　　次

序章　半導体工学の学び方
1　半導体工学とは ……………………………………………………………… *1*
2　半導体の重要な機能 ………………………………………………………… *2*
3　半導体の歴史と発展 ………………………………………………………… *3*
4　半導体材料の電子デバイスへの応用 ……………………………………… *5*
5　半導体材料の光デバイスへの応用 ………………………………………… *7*
6　社会における半導体工学の役割 …………………………………………… *7*
7　本書の構成 …………………………………………………………………… *9*
8　本書の学び方 ………………………………………………………………… *9*
9　本書を学ぶことによって習得できること，他の教科書への発展 ……… *10*

1章　半導体の特長
1　半導体の基本的性質を学ぼう ……………………………………………… *11*
2　元素半導体と化合物半導体の特長を理解しよう ………………………… *14*
　まとめ ………………………………………………………………………… *17*
　演習問題 ……………………………………………………………………… *17*

2章　半導体結晶
1　固体の結晶構造を理解しよう ……………………………………………… *18*
2　半導体材料と結晶格子について学ぼう …………………………………… *21*
3　結晶構造の解析方法を理解しよう ………………………………………… *22*
4　結晶の不完全性について理解しよう ……………………………………… *25*
　まとめ ………………………………………………………………………… *27*
　演習問題 ……………………………………………………………………… *27*

3章　エネルギーバンド図
1　エネルギー準位について理解しよう ……………………………………… *28*
2　エネルギーバンドの形成と固体の分類について学ぼう ………………… *30*
　まとめ ………………………………………………………………………… *35*
　演習問題 ……………………………………………………………………… *35*

目次

4章　半導体のキャリヤ
1　状態密度関数とフェルミ・ディラック分布関数について学ぼう ………… *36*
2　キャリヤ密度について理解しよう ………………………………………… *38*
3　半導体のキャリヤ密度と不純物準位について学ぼう …………………… *40*
まとめ ………………………………………………………………………… *46*
演習問題 ……………………………………………………………………… *46*

5章　半導体の電気伝導（1）ドリフト電流
1　平均緩和時間と移動度の関係 ……………………………………………… *47*
2　キャリヤ散乱の二つの理由 ………………………………………………… *51*
3　電界と電流の関係式の導出 ………………………………………………… *54*
まとめ ………………………………………………………………………… *56*
演習問題 ……………………………………………………………………… *56*

6章　半導体の電気伝導（2）拡散電流
1　キャリヤが均一になろうとする拡散による流れ ………………………… *57*
2　キャリヤの再結合について考えよう ……………………………………… *60*
3　拡散と再結合の関係式の導出 ……………………………………………… *62*
まとめ ………………………………………………………………………… *65*
演習問題 ……………………………………………………………………… *65*

7章　pn接合の電流-電圧特性
1　pn接合のエネルギーバンドはどうなっているか ………………………… *66*
2　pn接合の電流-電圧特性を導こう ………………………………………… *69*
3　pn接合の降伏現象とは何か ……………………………………………… *77*
まとめ ………………………………………………………………………… *80*
演習問題 ……………………………………………………………………… *80*

8章　pn接合の接合容量とバイポーラトランジスタ
1　pn接合における電位・電界の式を導き接合容量を求めよう …………… *81*
2　バイポーラトランジスタの構造と動作原理を学ぼう …………………… *87*
まとめ ………………………………………………………………………… *93*
演習問題 ……………………………………………………………………… *93*

9章　金属と半導体の接触

1　ショットキーダイオードのエネルギーバンド図について学ぼう ……… *94*
2　容量-電圧特性からキャリヤ密度分布を求めよう ……… *98*
3　ショットキーダイオードの電流-電圧特性と整流性について学ぼう ……… *100*
まとめ ……… *105*
演習問題 ……… *106*

10章　金属-絶縁体-半導体（MIS）構造

1　理想 MIS 構造について学ぼう ……… *107*
2　実際の MIS 構造のフラットバンド電圧はどのように変わるか ……… *115*
3　MIS 構造の過渡応答と反転について学ぼう ……… *118*
まとめ ……… *120*
演習問題 ……… *120*

11章　半導体の光学特性

1　光の吸収と放出のしくみを学ぼう ……… *121*
2　直接遷移と間接遷移について学ぼう ……… *125*
3　光と電流の関係（光電効果）を学ぼう ……… *126*
まとめ ……… *130*
演習問題 ……… *130*

12章　半導体を用いた光デバイス

1　発光ダイオード（LED）のしくみを学ぼう ……… *131*
2　半導体レーザ（LD）のしくみを学ぼう ……… *132*
3　太陽電池とフォトダイオード ……… *134*
まとめ ……… *137*
演習問題 ……… *137*

参考図書 ……… *138*
演習問題解答 ……… *139*
索　引 ……… *147*

序 章
半導体工学の学び方

1 半導体工学とは

　近年，エレクトロニクス関連のテクノロジーは猛烈なスピードで発展を続けている．この電子テクノロジーの驚異的発展を抜きにして現代社会の経済と生活を語ることはできない．現代生活のあらゆる面において変化とスピードを生み出している電子テクノロジーの心臓部にあって，この驚異的発展を縁の下で支えているものが半導体である．

　トランジスタに代表される現代の半導体技術は20世紀の中ごろに，最初アメリカで生まれ，産業となった．アメリカの半導体産業は1970年代まで世界をリードしていた．日本はアメリカに追いつく努力をして，1980年代についにアメリカを追い越して，半導体産業を牽引するようになった．1990年代に入り，韓国が新たに参入し，21世紀に入ってからは，台湾，中国，ヨーロッパ諸国なども加わり，半導体産業がグローバル化してきている．

　高度成長期（1960年代）には，鉄鋼産業はほかのすべての産業の基盤をつくるという意味で基幹産業とよばれ，鉄はほかのすべての産業の材料（主食）であるという意味で「産業の米」とよばれていた．次の時代に鉄鋼産業に代わって基幹産業となったのは半導体産業である．半導体も同じく「産業の米」とよばれ，トランジスタラジオ，VTR，そしてCDプレーヤを生み出した日本のエレクトロニクス産業の基礎となった．エレクトロニクス産業は，自動車産業と並んで，日本を世界有数の経済大国に押し上げる原動力となった．

　半導体工学はこのような半導体を用いたエレクトロニクス産業を支える基礎となる学問体系である．半導体工学を学ぶことは，将来エレクトロニクス産業に携わる学生にとって重要なことである．それは，半導体が「産業の基盤」「産業の米」であることは，現在も変わっていないからである．半導体工学の分野は**図1**に示すように，大きく三つの分野から成り立っており，それぞれの分野が相互に関連し合っている．第一番目の分野は「**半導体物性**」で，バンド構造，キャリヤ，半導体接合，光電物性などが該当する．第二番目の分野は「**半導体プロセス**」で，

```
                    ┌─────────────────┐
                    │    半導体物性    │
                    │ (結晶構造,バンド構造,│
                    │  キャリヤ,電気伝導,│
                    │ 半導体接合,光電物性など)│
                    └─────────────────┘
                      ↗           ↖
                    ↙               ↘
    ┌─────────────────┐       ┌─────────────────┐
    │  半導体プロセス  │ ←───→ │  半導体デバイス  │
    │ (結晶成長,加工技術,│       │(ダイオード,トランジスタ,│
    │ ナノテクノロジーなど)│       │ 集積回路,発光ダイオード,│
    │                 │       │  半導体レーザなど)│
    └─────────────────┘       └─────────────────┘
```

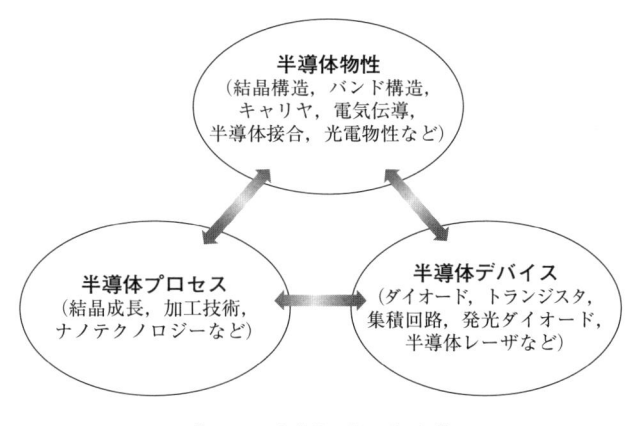

● 図1　半導体工学の体系 ●

半導体の結晶成長技術や半導体加工技術が該当する．第三番目の分野は「**半導体デバイス**」で，トランジスタ，電界効果トランジスタ（FET），発光ダイオード（LED），半導体レーザ，集積回路などが該当する．本書では半導体物性と半導体デバイスの一部分を担っている．半導体プロセスや半導体デバイスの大部分については，本シリーズの「電子デバイス」「集積回路」「光エレクトロニクス」を参照されたい．

2　半導体の重要な機能

　電気・電子工学で扱う電子材料には，半導体材料のほかに金属材料，誘電体材料，磁性体材料，有機材料などさまざまな材料がある．これらの電子材料の中で，半導体材料がエレクトロニクス分野でいかに重要な材料であるかを述べる．半導体材料の特長を**図2**に示す．半導体材料は他の材料にはない二つの大きな機能がある．一つは図2（a）に示すように，電気の流れを制御する，すなわち電気信号を整流させたり，電気エネルギーを増幅させることができるということである．この性質を利用して整流用ダイオード，トランジスタ，集積回路などがつくられ，各種の電子回路に組み込まれている．もう一つの大きな特長は，図2（b）に示すように，半導体によって電気エネルギーを光，熱，音，磁気などのほかのエネルギーに変換したり，逆に他のエネルギーを電気エネルギーに変換することである．この性質を利用して，太陽電池，LEDなどの光デバイスやペルチェ素子のような熱電変換素子などがつくられている．

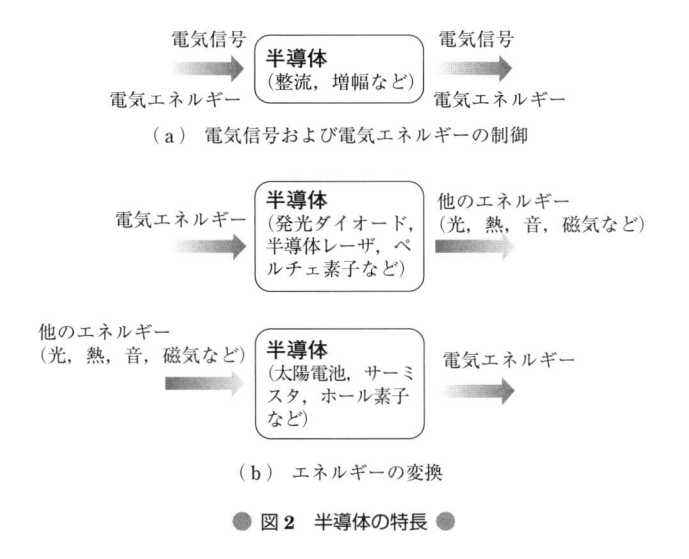

(a) 電気信号および電気エネルギーの制御

(b) エネルギーの変換

● 図2　半導体の特長 ●

3　半導体の歴史と発展

　半導体集積回路技術は最近の30～40年ほどの間に急速に発展したが，半導体および半導体デバイスはかなり長い歴史をもっている．半導体が電子回路に利用されるようになったのは，半導体に整流作用があることが発見されたためである．1874年にブラウンは銅や鉄などの金属材料と半導体である硫化鉛の接触により，電流-電圧特性に非直線性（整流性）があることを発見した．この金属と半導体の接触による半導体デバイスはラジオの検波器として利用された．その後も1935年ごろまでにセレン整流器やシリコンの点接触ダイオードなどが開発されるとともに，高純度なシリコンやゲルマニウムを得るための技術についても開発された．また，1939～1942年にかけて，モットー，ショットキー，ベーテらによって，金属と半導体接触に関する重要な理論が発表された．

　現在の半導体デバイスの発展にとって次の大きな発明が1947～1948年にかけてなされた．米国のベル研究所のショックレー，バーディーン，ブラッテンらによってトランジスタが発明された．1950年代に入り，電界効果トランジスタ（FET：field effect transistor）やトンネルダイオードなど新しいトランジスタやダイオードが発明された．一方，半導体デバイスの進歩に合わせ，半導体材料の作製技術においても目覚ましい進歩があった．1949年の終わりごろに高品質

な半導体単結晶の作製技術が開発され，ダイオードやトランジスタにも半導体の多結晶に代わり単結晶が用いられるようになった．さらにトランジスタの pn 接合を作製するために重要な技術である不純物拡散技術が開発された．この不純物拡散技術によって，半導体材料の伝導性の制御が可能となっただけでなく，1 枚のシリコンウェハに数多くのトランジスタを作製することが可能になり，半導体デバイスの低コスト化にも貢献した．

　上記で説明した半導体デバイスは個別の素子である．これらを用いた電子回路は，個々の半導体デバイス，抵抗，コンデンサなどの部品を金属配線で接続させて作製していた．しかし 1958 年にテキサス・インスツルメント社のキルビーがゲルマニウムを使ってはじめて**集積回路**（IC：integrated circuit）を発明した．集積回路とは，半導体デバイス，抵抗，コンデンサなどの部品を一つの半導体チップ上や基板の上に集積し，金属薄膜で配線してつくった電子回路である．集積回路の特長は，機器の小形・軽量化はもちろん，信頼性と経済性の向上，高速化，使いやすさなどである．主に論理演算や情報の記憶などの働きをするものが主流である．1959 年には，フェアチャイルド・セミコンダクタ社のノイスによって，1 枚のシリコン基板上に集積回路を作製する技術が開発された．これらの集積回路はバイポーラトランジスタを用いた集積回路であったが，1960 年代に **MOS 電界効果トランジスタ**（**MOSFET**：metal-oxide-semiconductor FET）が開発されると，CMOS（complementary MOS）と呼ばれる新しい集積回路技術が確立し，現在の集積回路の最も主流の集積回路となっている．今日に至るまでに，集積回路の微細化，高密度化が進み，パソコンなどで使用されている高性能な DRAM（dynamic random access memory：ダイナミックランダムアクセスメモリ），フラッシュメモリ，マイクロプロセッサなどが次々と開発されている．

　一方，シリコンを用いた集積回路技術とは別に，GaAs，GaP，InP などに代表される化合物半導体を用いた光デバイスや電子デバイスの開発も半導体技術の大きな流れの一つである．化合物半導体は直接遷移形禁制帯，Si に比べ高い移動度を有していることから，Si では実現できなかった，発光ダイオード，レーザダイオードに代表される発光デバイスや高周波，超高速，大電力用のトランジスタが実現できるようになった．さらに近年になって，GaN，AlN，ZnSe，SiC，ダイヤモンドなどに代表されるワイドギャップ半導体が開発されるようになった．ワイドギャップ半導体の多くは高品質の半導体結晶作製技術が十分に確立されて

いなかったので，ワイドギャップ半導体の物性を生かした半導体デバイスの実現が困難であった．しかし，本章4, 5節で述べるように，20世紀中の実現が困難とされていたGaNを用いた高輝度青色発光素子が1993年に開発されたのを皮切りに，緑〜紫外用発光デバイスや高温，高耐圧，高周波電子デバイスの開発がワイドギャップ半導体を用いて精力的に行われている．

一方，これまで述べた半導体デバイスの大部分は，2章で述べるように，原子が規則正しく並んだ単結晶材料を用いて作製されているが，太陽電池や液晶ディスプレイ用の薄膜トランジスタは，原子が無秩序に並んでいるアモルファスSiが使われ，半導体デバイスの大面積化，低コスト化に貢献している．また，本書で扱う半導体材料は1章で述べるように無機物による材料であるが，最近になって，有機化合物を用いたトランジスタや発光ダイオードの開発も盛んに行われており，大面積で低コスト，またはフレキシブルな半導体デバイスの実現が期待されている．

4 半導体材料の電子デバイスへの応用

前節で述べたようにトランジスタをはじめとする電子デバイス用材料はSiを中核とし，その性能が及ばないところをGaAsやInPなどの材料で実現してきた．しかし，エレクトロニクスの進展とともに，数多くの分野でそれらを活用したいとの要望が増えてきているが，SiやGaAsを用いる電子デバイスでは，それらの材料がもっている禁制帯幅に起因する物性限界のために十分にこたえられない．高出力，高周波，耐環境（高温（400〜500℃程度），放射線）などの過酷な環境下での電子デバイス応用のためにはワイドギャップ半導体の利用が期待されている．その一つとしてSiCが期待されている．SiCはSiやGaAsと比べ，広い禁制帯幅（3.3 eV），高い絶縁破壊電界（3.0×10^6 V/cm），速い飽和電子速度（2.0×10^7 cm/s）という特長をもっているので，高耐圧・高周波動作を可能とする電子デバイスへの応用が期待される．図3(a)にパワーデバイスのスイッチング周波数に対する出力電力の関係を示す．従来のSiパワーデバイスに比べ，SiCパワーデバイスは高速動作，大電力動作が可能であり，電気自動車，インバータ制御回路，無停電電源，スイッチング電源，電車などへの応用が考えられる．

また次節で述べる短波長発光ダイオードで用いられる，GaNをはじめとする

窒化物半導体は，AlGaN と GaN でヘテロ接合を作製することにより，大きな電流密度のヘテロ接合電界効果トランジスタを実現することが可能である．窒化物半導体も SiC と同様に広い禁制帯幅，高い絶縁破壊電界，速い飽和電子速度という特長をもっている．図 3 (b) に高周波デバイスの動作周波数と出力電力の関係を示す．窒化物半導体を用いることで $10^8 \sim 10^{12}$ Hz（0.1 G ~ 1 THz）の高周波領域で働く高出力デバイスの実現が期待できる．これが実現できると，携帯電話，無線通信，衛星通信用の超高周波・高出力デバイスへの応用が可能である．

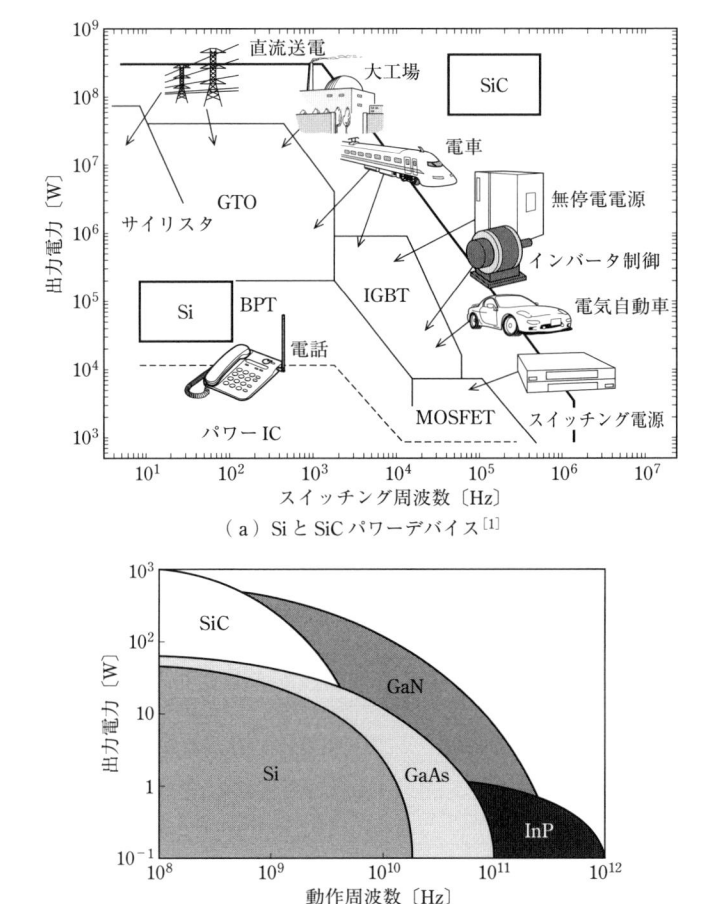

(a) Si と SiC パワーデバイス[1]

(b) 高周波デバイス

図 3　半導体電子デバイスのすみ分け

5　半導体材料の光デバイスへの応用

　本章3節で述べたように，Siは直接遷移形の禁制帯を有していないので，発光ダイオードや半導体レーザのような発光デバイスの実現が不可能であった．図4に可視光発光ダイオードの開発の歩みを示す．GaAsをはじめとする化合物半導体の出現により，赤外，赤，橙，黄緑の発光ダイオードや赤色の半導体レーザが1960～1980年代に次々と実現した．しかし当時は光の3原色の一つである青色発光が困難であったため，20世紀中に高輝度青色発光ダイオードの開発は困難とされていた．しかし1980年代終わりから1990年代にかけて，窒化物半導体の高品質化技術や窒化物半導体のp形化に関する技術が発表され，1993年にGaNを用いた高輝度青色発光ダイオードが実現した．その後緑色の発光ダイオードも開発されたため，光の3原色である赤，緑，青が発光ダイオードにより実現できるようになり，フルカラーディスプレイ用光源や照明用白色光源への応用に関する開発が盛んに行われている．また，紫外および深紫外の発光ダイオードや高密度DVD用に用いられる青紫色のレーザダイオードなどの開発も行われ，窒化物半導体が産業面に大きな影響を及ぼすようになってきた．

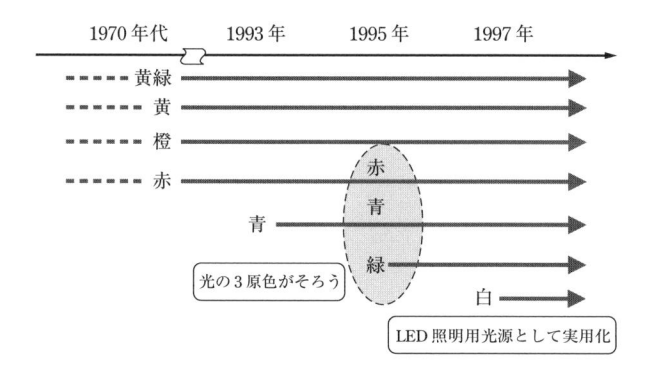

● 図4　可視光発光ダイオードの開発の歩み ●

6　社会における半導体工学の役割

　半導体技術の進歩によって，カラーテレビ，DVDレコーダ，パソコン，携帯電話，ディジタルカメラのように，多くの人々にとって，高機能な家電製品を簡単な操作で扱うことが可能になった．しかも携帯電話や小形のノートパソコンの

ように家電製品を外へもち出して,いつでもどこでもネットワークを介して物と物,人と物,人と人がつながるようになってきた.さらに半導体技術は,家電産業だけでなく,自動車産業や情報通信産業などをはじめとする多くの産業分野においても密接な関係をもっており,半導体は経済のインフラになりつつある.しかし,今後は電気製品の高性能化による便利さの追求だけでなく,社会問題となっている環境や医療・福祉などの分野にも貢献していくことが必要である.

　また,近年半導体技術はディスプレイ,照明,太陽電池などの分野にも幅広く展開している.これまでこれらの分野ではブラウン管,電球,蛍光灯のようなガラス管内部を真空にした真空管を応用した電気器具が長い間利用されてきた.しかし半導体技術の進歩により,ディスプレイ分野ではブラウン管に代わり,発光ダイオードをバックライトにし,アモルファスSiを用いた薄膜トランジスタを駆動回路に用いた液晶ディスプレイが販売されるようになった.

　照明分野では,当初LEDは,サインパネルや看板照明など可視光を用いた一部の照明用にしか用いられていなかったが,図5に示すように白色LEDの発光効率の改善が進み,蛍光灯を超える発光効率が実現できるようになったため,省エネルギー,地球温暖化防止の観点から一般照明への応用が期待されるようになった.2005年に発効された京都議定書で,わが国では温室効果ガスの6％削減が法的拘束力のある約束として定められたため,近い将来に白熱電球の生産が中止され,順次蛍光ランプに置き換えられ,さらにLED照明電球へ切り換えられ

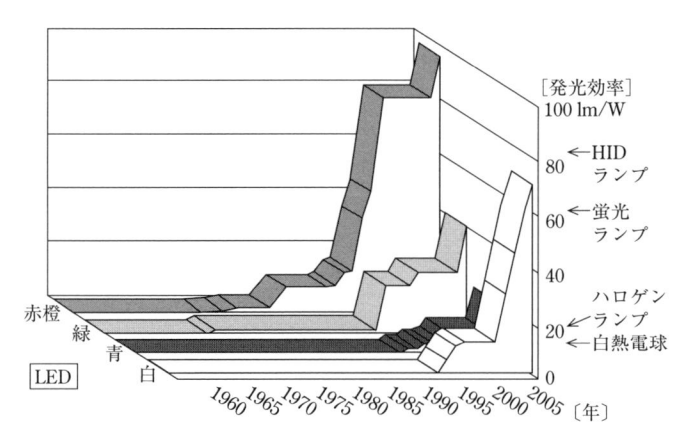

● 図5　可視光発光ダイオードの発光効率の改善[2] ●

るといわれている．

太陽電池は，地球温暖化の原因となる二酸化炭素や有害な排気ガスを出さず，太陽がある限り発電をし続ける，まったくクリーンな発電装置である．現在太陽電池の分野でも変換効率の改善に関する取組みが盛んに行われており，コストが下がれば一般家庭用の電源としても普及するものと考えられる．LED 照明や太陽電池に代表されるように，半導体技術は人々の生活を豊かにするだけでなく，地球環境の保護にも貢献しているといえる．

7 本書の構成

これまでに述べたように，半導体工学はあらゆるエレクトロニクス産業を支えるための基礎の学問体系である．このため，本書ではこれから半導体工学を学ぼうとする電気・電子工学関係の大学学部生や高専生が，初めて半導体工学の基礎的な内容を学ぶことを念頭に置き，半導体の基礎についてわかりやすく書いたものである．

本書は 12 章から成り立っており，1 回の講義で 1 章分が学習できるように書かれており，半期の講義で半導体工学の基礎的な内容が理解できるように構成してある．

1 章では半導体の特長と種類，**2 章**では半導体結晶，**3 章**では半導体のエネルギーバンド，**4 章**では半導体のキャリヤ，**5, 6 章**では半導体の電気伝導，**7, 8 章**では半導体の pn 接合とバイポーラトランジスタ，**9, 10 章**では金属-半導体接触および金属-絶縁体-半導体（MIS）構造，**11, 12 章**では半導体の光学特性と光デバイスについて学習する．本書ではバイポーラトランジスタや MOSFET などの電子デバイスの詳細な内容を他書（「電子デバイス」）にゆずる代わりに，半導体の光学的特性と pn 接合を利用した光デバイスに関する内容を 11 章および 12 章に入れることにより，半導体の基本的な性質，pn 接合とそれを利用したデバイス，金属-半導体接合，半導体の光学的特性など，半導体工学の基礎がひととおり学べるようにした．

8 本書の学び方

本書は各章とも約 11 頁前後で構成されており，1 回の講義で 1 章分が学習できるように構成してある．毎週の講義をしっかりと聞き，さらに自宅で復習を行

うことで半導体工学の基礎を学ぶことができる．また，各章には演習問題が用意されており，担当教員が講義の途中で演習の時間を設けて学生に自ら考えさせて問題を解かせることや，学生自らが自宅で問題を解くことによって，講義で学んだ内容がより深く理解できるようにしてある．演習問題の解答も丁寧に記載してあるので，わからない問題は，解答を頼りに自ら考えることも可能である．

⑨ 本書を学ぶことによって習得できること，他の教科書への発展

本書を学ぶことによって，半導体の基礎的な物性，半導体の電気伝導，pn接合の電気的特性，金属-半導体接触，および金属-絶縁体-半導体構造の電気的特性，半導体の光学特性と半導体光デバイスの動作について学ぶことができる．また，本書で学んだことを基礎にして，他書である「電子デバイス」，「集積回路」，「光エレクトロニクス」などを学習することによって半導体工学の全般にわたって幅広い知識を学ぶことができる．

1章

半導体の特長

　本章では,半導体の基本的な性質について述べ,半導体が他の電子材料と比べてどのような点が異なり,どのような優れた点があるかを学ぶ.また,半導体の種類と材料について述べ,元素半導体と化合物半導体の特長と異なる点,それぞれの半導体の応用について学ぶ.

1 半導体の基本的性質を学ぼう

　半導体の特長の一つに,抵抗率の大きさがある.断面積が一定な棒状の物質の抵抗 R は,棒の長さ l に比例し,断面積 S に反比例する.抵抗の単位はオーム〔Ω〕である.比例定数を ρ とすると

$$R = \frac{\rho l}{S} \tag{1・1}$$

と表される.ここで ρ は**抵抗率**とよばれる.これは,測定物質の形状や寸法によらない物質固有の値である.また,この値によって物質の抵抗を比較できるので**比抵抗**ともよばれ,抵抗率の逆数が**導電率**である.図 1・1 にさまざまな物質の導電率を示す.これによると,**半導体**は導体と絶縁体の中間の導電率および抵抗率をもつ物質であるといえるが,この分類は必ずしも正確ではない.半導体は添加する不純物濃度によって導電率および抵抗率が変化する(たとえば,実用的な Si の導電率は $10^{-4} \sim 10^{3}\, \Omega^{-1} \cdot m^{-1}$ の範囲である).

　金属と半導体の違いを物理的に把握するには,バンド(帯)構造を理解する必要があるため,詳細な説明は 3 章で行うが,半導体では,電気伝導に寄与する電子の数は温度の上昇により増加するが,金属ではほぼ一定である.また,半導体の場合,キャリヤの移動度に温度依存性があるため,導電率は温度が極端に高く

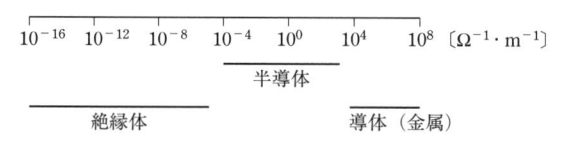

● 図 1・1　さまざまな物質の導電率 ●

なると温度に比例しなくなる．さらに，半導体の電気伝導に寄与する粒子は，**電子**のほかに正の電荷を有する**正孔**（hole）がある点は金属と決定的に異なる．

一方，絶縁体と半導体の違いについても，導電率の違いだけで説明するのは不正確で，伝導に寄与する電荷が電子でなくイオンであるという絶縁体もある．

導電率および抵抗率の大きさ以外に半導体が他の物質と異なる特長がいくつかある．半導体は温度，光，熱，不純物，磁界などの外部からの刺激に敏感な物質である．

まず，半導体は温度に敏感である．半導体の電気抵抗の温度係数は金属に比べ著しく大きく，負の温度係数を有する．**図1・2**に示すように，金属と比較すると，一般に金属では温度が上がると抵抗値が大きくなるが，半導体は小さくなる．

次に，半導体は光や熱の効果が大きく，**図1・3**に示すように，光を当てると容易に抵抗が変化する現象を**光導電効果**という．半導体に光が当たると，光が吸収される程度は**光の振動数** ν と半導体がもっている**禁制帯幅** E_g（詳細は3章で説明）とで決まる．光の振動数が低く，光量子がもつエネルギー $h\nu$（h はプランク定数）が E_g よりも小さければ，光は半導体を透過する．$h\nu$ が E_g よりも大きければ，光はほとんど半導体中に吸収され，その結果半導体中に電子・正孔対が発生するため，半導体中の抵抗が減少する．

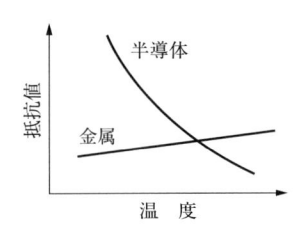

● 図1・2　半導体および金属の抵抗値の温度特性の概念図 ●

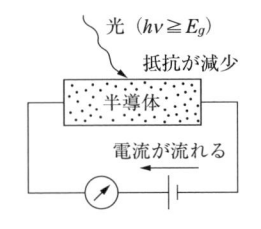

● 図1・3　光導電効果の概念図 ●

図 **1・4** のように半導体片の一端を加熱し，温度差を与えると起電力が発生する．このような現象を**ゼーベック効果**という．半導体の一端を加熱すると，キャリヤ密度（詳細は 4 章で説明）が増加し，そのキャリヤの拡散によって起電力が生じる．

　さらに，不純物による影響が大きく図 **1・5** のように ppm（10^{-6}）オーダの不純物が混入することで抵抗率が大幅に変わる．この性質を利用することで，半導体の伝導性や抵抗率が制御できることになる．

　また，半導体は磁界の影響を受けやすい．図 **1・6** のように半導体の長さ方向（x 方向）に電流 I を流し，これに直角（$-z$ 方向）に磁束密度 B の磁界を加えることで，キャリヤにローレンツ力が働き，電流と磁界の方向に垂直な方向に電圧が誘起される．このような現象を**ホール効果**といい，発生する電圧を**ホール電圧**という．ホール電圧から求められるホール係数の符号や値より，半導体の伝導性やキャリヤ密度を求めることができる．

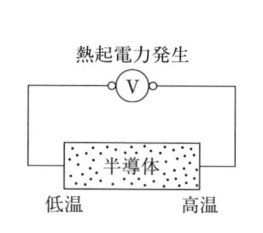

● 図 **1・4**　ゼーベック効果の概念図 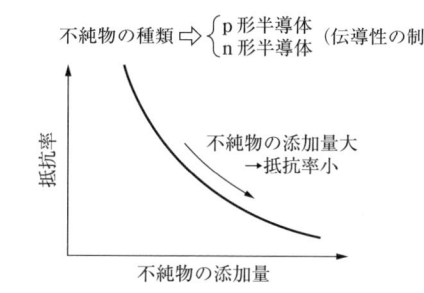 ●　　● 図 **1・5**　不純物添加による半導体の抵抗率の変化 ●

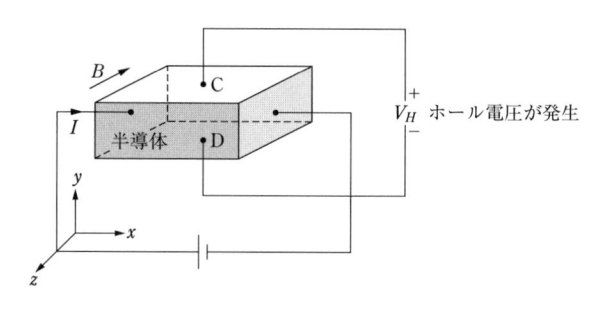

● 図 **1・6**　ホール効果の概念図 ●

2 元素半導体と化合物半導体の特長を理解しよう

〔1〕 元素半導体

表 1・1 は半導体として用いられる元素の周期律表の一部を示している．今日用いられている半導体は，ほとんど表 1・1 に示されている元素によって構成されている．最も一般に使われている半導体は，Ⅳ族の **Si（シリコン）**原子で構成された結晶である．半導体 IC の 90 %以上は Si 半導体でつくられている．**Ge（ゲルマニウム）**，**C（ダイヤモンド）**も元素単体で半導体結晶を構成する．このようにⅣ族元素でつくられる半導体を**元素半導体**とよぶ．Si や Ge はトランジスタやダイオードなどの半導体の基本となる電子デバイスの材料として用いられている．また Si は，トランジスタやダイオードを集積化した集積回路（IC）の材料としても広く用いられている．しかし，Si や Ge はエネルギーバンド構造が間接遷移形の半導体であるため，発光ダイオードや半導体レーザのような発光デバイスへの応用ができない．発光デバイスに応用するためには〔2〕，〔3〕項で述べる直接遷移形の化合物半導体や混晶半導体を用いることになる．

● 表 1・1 半導体として用いられる元素の周期律表 ●

族 \ 周期	Ⅱ	Ⅲ	Ⅳ	Ⅴ	Ⅵ
2		B	C	N	
3		Al	Si	P	S
4	Zn	Ga	Ge	As	Se
5	Cd	In		Sb	Te

また，Si は電子デバイスだけでなく，フォトダイオードや太陽電池のような受光デバイスにも広く用いられている．ダイヤモンドは禁制帯幅が非常に大きいため，真性半導体では絶縁体である．しかし，不純物を添加することによる不純物半導体化の試みがなされ，現在よりもはるかに高周波・高出力で動作する半導体素子や，バンドギャップを反映した深紫外線発光ダイオード（LED）への実現が期待できる材料である．

〔2〕 化合物半導体

次によく使われている半導体は，**GaAs** で代表される 2 種類の元素から構成さ

2 元素半導体と化合物半導体の特長を理解しよう

● 表1・2 各種半導体材料の主な性質と用途 ●

種類	記号	エネルギーギャップ〔eV〕(室温)	結晶構造	エネルギーバンド構造	融点〔℃〕	主な用途
元素	C	5.47	ダイヤモンド	間接	なし(昇華)	耐環境デバイス
	Si	1.11	ダイヤモンド	間接	1 420	集積回路,トランジスタ,ダイオード,太陽電池,高周波トランジスタ
	Ge	0.69	ダイヤモンド	間接	937	赤外線検出器,ダイオード
IV-IV	3C-SiC	2.23	閃亜鉛鉱	間接	なし(昇華)	高周波FET,トランジスタ
	6H-SiC	2.93	ウルツァイト	間接	なし(昇華)	大電力,高温用FET
III-V	AlN	6.20	ウルツァイト	直接	3 273	発光ダイオード(紫外)
	GaN	3.39	ウルツァイト	直接	2 527	発光ダイオード(青),レーザダイオード(青),高温FET,高周波トランジスタ
	GaP	2.26	閃亜鉛鉱	間接	1 465	発光ダイオード(赤,黄緑)
	GaAs	1.43	閃亜鉛鉱	直接	1 237	レーザダイオード(赤外),高周波トランジスタ,太陽電池
	InP	1.35	閃亜鉛鉱	直接	1 062	発光ダイオード(赤外)
II-VI	ZnS	3.66	ウルツァイト*	直接	1 830	発光ダイオード(青)
	ZnSe	2.70	閃亜鉛鉱	直接	1 520	発光ダイオード(青)
	CdS	2.42	ウルツァイト*	直接	1 365	光検出器

FET:電界効果トランジスタ,*:閃亜鉛鉱形もある

れる**化合物半導体**である.この他にGaP,InP,GaNなどがある.これらの半導体は,III族元素とV族元素の化合物で構成されており,**III-V族化合物半導体**とよばれる.そのほかにCdSやZnSeなど,II族元素とVI族元素から成る**II-VI族化合物半導体**もある.これらの半導体の主な用途を,固有の性質などと共に**表1・2**に示す.化合物半導体は一部の材料を除いて直接遷移形のバンド構造を有する半導体であるため,SiやGeでは実現できない発光ダイオードやレーザダイオードなどの発光デバイスをはじめとして,GaAsやInPのような禁制帯幅が小さい材料は移動度が大きいので,HEMT(高移動度トランジスタ)などの超高速・高周波電子デバイスへの応用もなされている.

〔3〕 **混晶半導体**

前項で述べた化合物半導体を組み合わせて,3種類以上の元素から成る半導体を**混晶半導体**という.たとえば,AlAsとGaAsを$x:(1-x)$の割合で混合した物質は$Al_xGa_{1-x}As$とよばれる物質になる.ここでxはAlAsのモル分率である.xを変化させることで,$x=0$のGaAsから$x=1$のAlAsまで$Al_xGa_{1-x}As$の組成が変化する.組成が変化することで,半導体の特性である禁制帯幅,格子定数

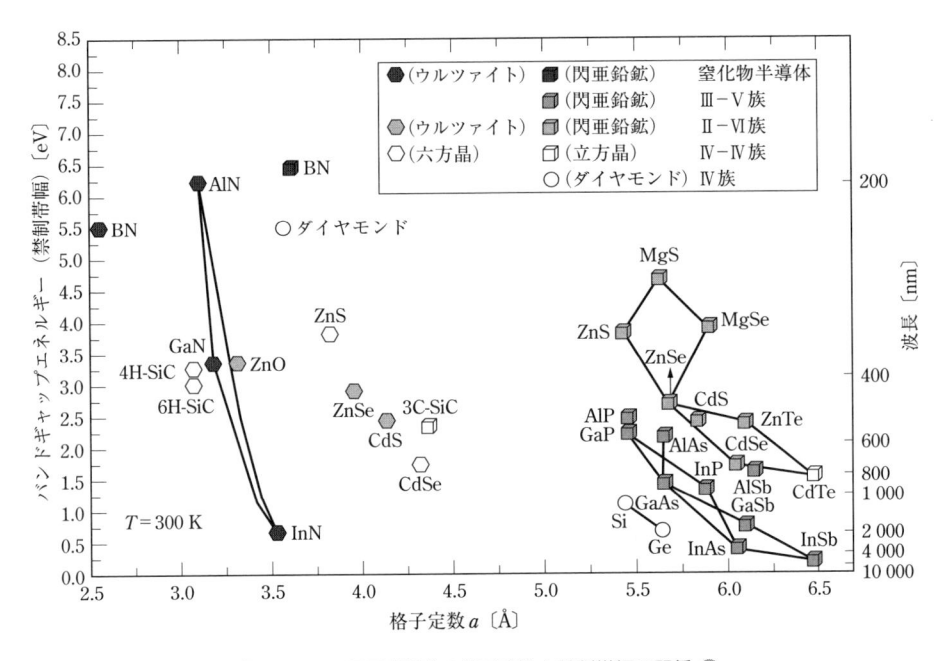

● 図1・7 混晶半導体の格子定数と禁制帯幅の関係 ●

（詳細は2章で説明）をはじめとする，さまざまな特性が変化する．図1・7に混晶半導体の格子定数と禁制帯幅の関係を示す．混晶の組成を制御することで，半導体のさまざまな特性を制御できるので，半導体デバイス設計の自由度が増して，元素半導体や化合物半導体の特性を生かしながら，さらに新しい半導体デバイスの実現が期待できる．

しかし，混晶半導体を半導体デバイスに応用するうえでの問題点は，混晶の組成によって格子定数が変化するため，ある格子定数をもった混晶半導体と格子整合する基板が存在しない場合は，混晶半導体の結晶成長が困難であるが，格子不整合を伴う半導体結晶成長技術の開発により，この問題が解決されつつある．

〔4〕 ワイドギャップ半導体

これまでに述べた元素半導体，化合物半導体，混晶半導体のうち，禁制帯幅が大きい半導体を**ワイドギャップ半導体**と総称してよぶことがある．たとえば，元素半導体ではダイヤモンド，Ⅲ-Ⅴ族化合物半導体ではGaNやAlNなど，Ⅱ-Ⅵ族半導体ではZnO，ZnS，ZnSeなど，Ⅳ-Ⅳ族半導体ではSiCがある．一方，混

晶半導体では InGaN, AlGaN, ZnSSe などがある.

　これらの材料の特長は, 禁制帯幅が大きいため, 緑, 青, 紫, 紫外といった短波長の発光が可能であること, 原子間の結合が強く熱的に安定であること, 高い絶縁破壊電界や高いドリフト速度を有するので, 高耐圧や高周波での動作が可能であることなど, 従来の Si や GaAs などの半導体にない特長をもっている. これらの材料は結晶成長や半導体プロセスで困難な点が多く, Si や GaAs を用いた半導体デバイスに比べ, 開発が遅れていたが, 近年ワイドギャップ半導体の結晶成長技術や半導体プロセス技術の開発が進められ, GaN をはじめとする窒化物半導体では InGaN 混晶を用いた青色発光ダイオードやレーザダイオード, AlGaN 混晶を用いた紫外線発光ダイオードの開発が盛んに行われている. 一方, SiC は Si や GaAs と比べ絶縁破壊電界が一けた高いことから, 高耐圧の大電力用トランジスタとしての利用が期待されている.

まとめ

○半導体は導電率が金属と絶縁体の中間にある物質である.
○半導体は温度, 光, 熱, 不純物, 磁界など外部からの刺激に敏感な物質である.
○半導体にはIV族元素から成る元素半導体と2種類の元素から成る化合物半導体がある.
○複数の化合物半導体から成る半導体を混晶半導体とよび, 組成を制御することで, 半導体のさまざまな特性を制御できる.
○禁制帯幅が大きい半導体をワイドギャップ半導体とよび, 短波長発光など従来の Si や GaAs にはない特性を引き出すことが可能な半導体材料がある.

演習問題

問1　半導体の特長について説明しなさい.
問2　元素半導体, 化合物半導体について例をあげて説明しなさい.
問3　混晶半導体の特長について説明しなさい.
問4　ワイドギャップ半導体の特長について説明しなさい.
問5　光導電効果, ゼーベック効果, ホール効果について説明しなさい.

2章

半 導 体 結 晶

　本章では，半導体結晶について学ぶ．最初に，固体の各種結晶構造について述べ，それぞれの結晶構造の特長について学ぶ．次に，1章で学んだ半導体材料がどのような結晶構造になっているかを学ぶ．さらに結晶構造の解析方法や結晶欠陥についても述べる．

1 固体の結晶構造を理解しよう

〔1〕 **固体結晶の分類**

　半導体の性質は，それに含まれている電子のエネルギーと密接にかかわっている．半導体材料に流れる電流の大きさ，半導体から放出される光の波長，これらはすべて半導体中の電子が関与した現象である．半導体に限らず固体の結晶は，原子が一定の規則に従って三次元方向に結合してできている．固体の結晶は原子配列の方法によって**図2・1**に示すような3種類の結晶に分類できる．**アモルファス**は原子配列がばらばらな結晶である（図2・1(a)）．**多結晶**は部分的に原子配列がそろった塊の集合である（図2・1(b)）．**単結晶**は結晶全体が一定の規則に従った原子配列で構成されている結晶である（図2・1(c)）．以降は，単結晶を対象に考えることにする．

〔2〕 **単結晶の構造と基本単位格子**

　結晶の周期的な配列を**格子**とよぶ．結晶は格子配列の基本単位が三次元的に積

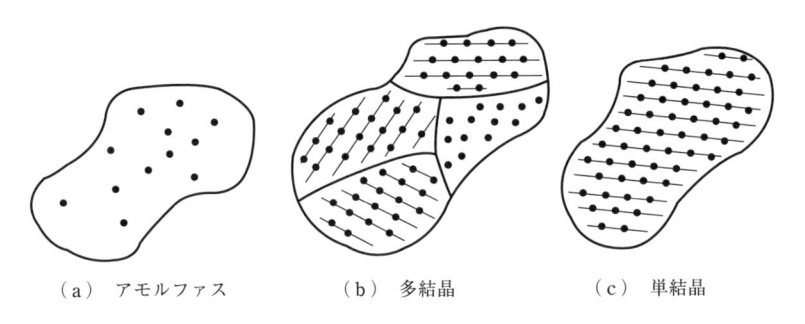

　　　(a) アモルファス　　　(b) 多結晶　　　(c) 単結晶

● 図2・1　固体結晶の分類 ●

(a) 二次元格子   (b) 三次元格子

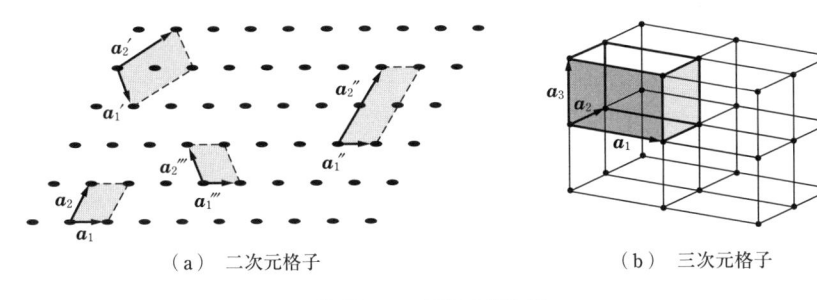

● 図2・2　格子の定義 ●

み重なっていると考えることができる．図2・2に二次元および三次元の格子の例を示す．図2・2に示すように格子は基本並進ベクトルa_1, a_2, a_3によって定義され，配列が同じに見える任意の点rと点r'は，u_1, u_2, u_3を任意の整数として並進ベクトルTで結ばれる．

$$T = r' - r = u_1 a_1 + u_2 a_2 + u_3 a_3 \qquad (2 \cdot 1)$$

式(2・1)は，結晶格子は格子並進（Tだけ結晶を移動）操作により自分自身に重ね合わせることができることを意味している．式(2・1)を満たす並進ベクトルを**基本並進ベクトル**といい，基本並進ベクトルを結晶軸a_1, a_2, a_3とする平行六面体の体積は$a_1 \cdot (a_2 \times a_3)$である．この一つの平行六面体は格子点を一つだけ含み，**基本単位格子**とよばれる[†1]．

基本単位格子のとり方には結晶軸の長さやその軸間の角度が対称性によって制限され，平行六面体の形によって三斜晶系，単斜晶系，斜方晶系，正方晶系，立方晶系，菱面体晶系，六方晶系の7種類の格子しかない．さらにこれらの7種類の格子の中には，都合のよい位置に格子点を追加することにより新しい格子になるものがある．図2・3に示すように実際には全部で14種類の形に分類される．これらを総称して**ブラベ格子**という．ブラベ格子は基本単位格子に追加する格子点の配置によって，単純格子，底心格子，体心格子，面心格子がある．半導体で用いられる結晶は立方晶と六方晶であるので，本節では立方晶と六方晶について述べる．

立方晶は，三つの基本並進ベクトルの長さが等しく，それぞれのベクトルのな

[†1] 結晶軸a_1, a_2, a_3とする平行六面体に二つ以上の格子点を含む格子は**単位格子**といい，基本単位格子と区別される．

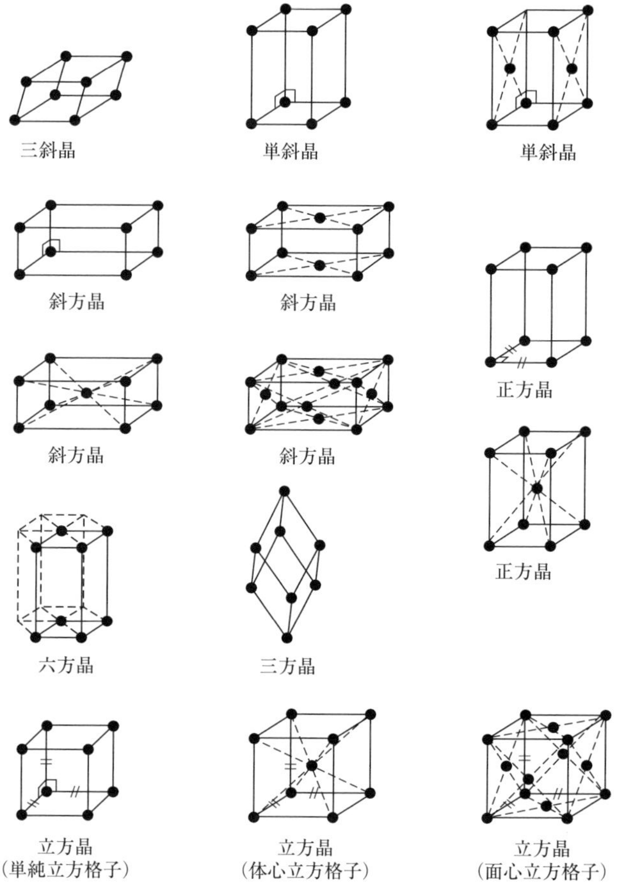
三斜晶
単斜晶
単斜晶
斜方晶
斜方晶
正方晶
斜方晶
斜方晶
正方晶
六方晶
三方晶
立方晶
（単純立方格子）
立方晶
（体心立方格子）
立方晶
（面心立方格子）

図2・3 ブラベ格子

す角が90°である．立方晶には単純立方格子，体心立方格子，面心立方格子がある．**単純立方格子**は，立方体の角に原子が存在する構造である．**体心立方格子**は，単純立方格子の体心の位置（各対角線が交わった点）に，原子が1個存在する構造である．**面心立方格子**は，面心の位置（立方体の各6面の中心）に原子が1個存在する構造である．

これに対して，**六方晶**では，単純格子のみが存在し，辺のなす角が120°のひし形を底面とする直角柱になっている．

2 半導体材料と結晶格子について学ぼう

〔1〕 ダイヤモンド構造

半導体結晶は，1節で述べた立方晶と六方晶が基本単位格子である構造を有している．本節では，半導体結晶の代表的な3種類の構造について述べる．

SiやGeのような元素半導体は，**図2・4**に示すようなダイヤモンド構造をもっている．**ダイヤモンド構造**は基本的には立方晶系の結晶構造である．この構造は二つの面心立方格子によって構成されている．2個の面心立方格子が互いに重なった状態から，1個の面心立方格子を立方体の対角線に沿ってその長さの1/4だけずらした格子になっている．すなわち (0, 0, 0) の位置にある原子と，対角線の方向へ 1/4 だけ進んだ (1/4, 1/4, 1/4) に位置する原子から成っている．このダイヤモンド格子の基本単位格子は図2・4の破線で示すように，4個の原子による正四面体構造になっている．図2・4において a は**格子定数**とよばれる．格子定数で囲まれた立方体中の原子の個数は，角の8個の原子がそれぞれ 1/8，各6面にある原子が 1/2，立方体の中に4個あるから，合計で8個になる．

〔2〕 閃亜鉛鉱構造

GaAs，InP，ZnSeのような多くのⅢ-Ⅴ族化合物半導体やⅡ-Ⅵ族化合物半導体は**図2・5**に示すような**閃亜鉛鉱構造**をもっている．閃亜鉛鉱構造もダイヤモンド構造と同じ立方晶系の結晶構造である．ダイヤモンド構造では同じ原子で構成される二つの面心立方格子が重なり合っているのに対して，閃亜鉛鉱構造では，

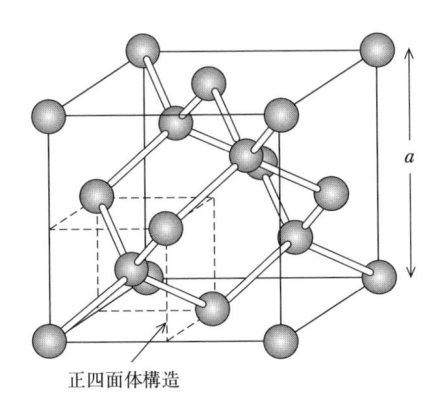

正四面体構造　　　　　　　　　　　正四面体構造

● 図2・4　ダイヤモンド構造 ●　　　● 図2・5　閃亜鉛鉱構造 ●

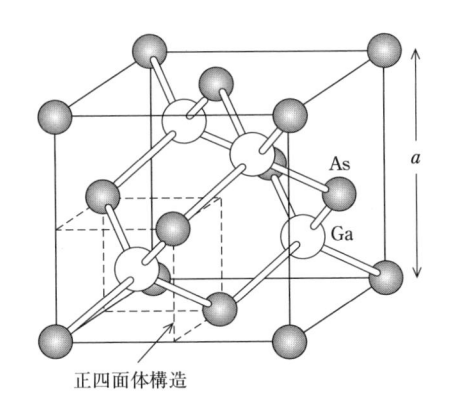

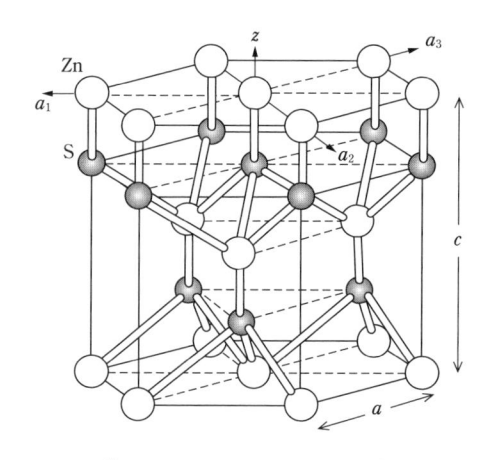

● 図2・6 ウルツァイト構造 ●

それぞれ異なる原子で構成された二つの面心立方格子が重なり合っている．GaAsを例にすると，(0, 0, 0) の位置にある Ga 原子と，対角線の方向へ 1/4 だけ進んだ (1/4, 1/4, 1/4) に位置する As 原子から成っており，As 原子は四つの Ga 原子に対して正四面体構造を形成している．ダイヤモンド構造と同様に格子定数は a であり，格子定数で囲まれた立方体の中に，Ga 原子が 4 個，As 原子が 4 個ある．

〔3〕 ウルツァイト構造

GaN や AlN のようなⅢ-Ⅴ族化合物半導体のうち，Ⅴ族元素が N である窒化物半導体や ZnO や ZnS などの一部のⅡ-Ⅵ族化合物半導体では図2・6のようなウルツァイト構造を有している．**ウルツァイト構造**は六方晶を基本単位格子とする結晶構造である．この結晶の由来はウルツ石（α-ZnS）である．図2・6でS原子は四つの Zn 原子に四面体的に囲まれている．図2・6に示すようにウルツァイト構造には2種類の格子定数があり，a_1, a_2, a_3 軸方向の格子定数は a，z 軸方向の格子定数は c である．

3 結晶構造の解析方法を理解しよう

〔1〕 X線回折

結晶とは原子が規則正しく並んだものであるとして，前節までの説明のように目でみたような図を書いて説明をしてきた．しかし，実際には直接目でみること

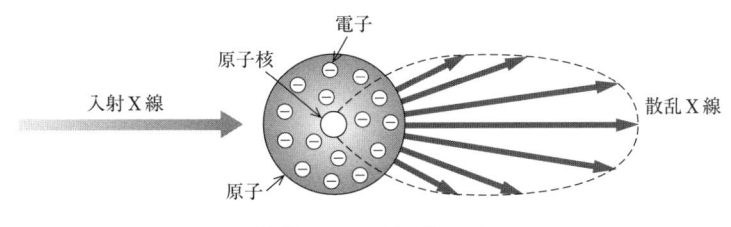

● 図 2・7　X 線の散乱 ●

はできない．本節では，結晶中の原子がどのように配列しているかを調べる方法について述べる．

結晶を原子的尺度から論ずることを可能にしたのは，ラウエによる X 線回折の発見である．原子に X 線が入射すると，この原子はその X 線を図 2・7 のようにいろいろな方向に散乱する．散乱 X 線の波長は入射 X 線の波長に等しい．この現象を X 線回折という．

原子が規則正しく配列していると，それぞれの原子からの散乱 X 線どうしは互いに干渉し合って，ある方向では強め合い，他の方向では弱め合う．これを調べることで，その結晶の原子配列を知ることができる．以上のような回折現象が観測されるためには，入射波の波長がその結晶の原子間隔（数 Å 程度）と同程度であることが必要である．この条件を満たす波長がちょうど X 線の領域である．次に一次元の原子配列を例にとって回折条件を求める．

図 2・8 において，原子列 ABC に入射する X 線の波面を AD，回折線の波面を BE で表す．回折波が強め合うためには，$(\overline{AE} - \overline{BD})$ という光路差が波長の整数倍でなければならない．原子間隔（格子定数）を a，入射波および回折波が原子列となす角を α_0, α，X 線の波長を λ とすると，回折線が強められる条件は

$$a(\cos\alpha - \cos\alpha_0) = n\lambda \tag{2・2}$$

で与えられる（n は整数）．a, α_0, λ が与えられ，かつ n を定めると α は一義的に決まり，回折線は図 2・8 のように原子列を軸とする円錐状の方向に広がる．式 (2・2) を**ラウエの回折条件**という．

ラウエは個々の格子原子からの散乱 X 線による干渉を考えたのに対して，ブラッグは結晶面による X 線の反射という考えから回折を論じた．図 2・9 は面間隔 d の結晶面からの反射による回折を示す．回折線が強め合う条件は，その光路差 $(\overline{AB} + \overline{BC})$ が X 線の波長 λ の整数倍であるとして

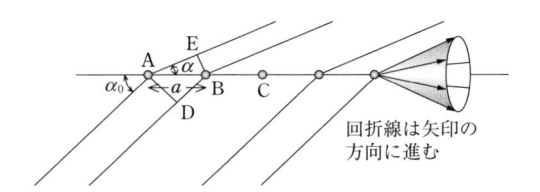

● 図2・8　ラウエの回折条件 ●

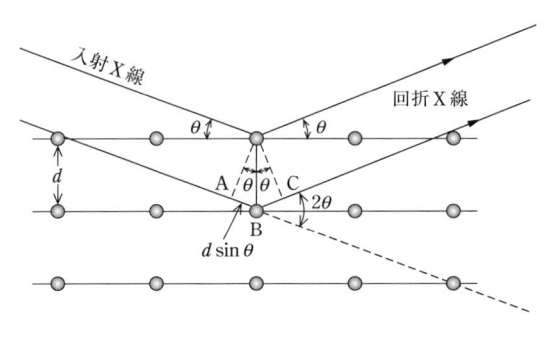

● 図2・9　ブラッグの回折条件 ●

$$2d \sin \theta = n\lambda \tag{2・3}$$

となる（n は整数）．この式を**ブラッグの回折条件**という．

〔2〕**電子線回折**

　量子力学の発展途上に，電子の運動に波動的性質があることが実証された．これは，電子線を結晶に当てたとき，波動と同様の回折現象が認められたからである．このような回折現象を電子線回折といい，結晶構造を解析する有効な手段の一つである．

　一般に速度 v で動く質量 m の粒子は，運動量 $p = mv$ をもち，波長 $\lambda = h/p$ の波を伴っていると考えられる．今，V〔V〕で加速された電子線を考える．電子のエネルギーは

$$\frac{1}{2}mv^2 = qV \tag{2・4}$$

である．q は電気素量，m は電子の質量である．

　この電子線の波長を計算すると，式(2・4) より $mv = \sqrt{2mqV}$ であるから

$$\lambda = \frac{h}{mv} = \sqrt{\frac{h^2}{2mqV}} = \sqrt{\frac{150}{V}} \text{〔Å〕} \tag{2・5}$$

となる．一般に電子線の加速電圧は 50 kV 程度であるから，これを上式に代入して波長を求めると，$\lambda \sim 0.058 \text{Å}$ となる．この値は，通常の結晶の 1/100 くらいであるから物質構造の細かいところまで知ることができる．しかし，電子線はX線に比べて物質に対する透過力が弱いので，結晶内部よりは結晶表面の構造を調べるのに適している．

4 結晶の不完全性について理解しよう

　前節までは，結晶を構成している原子が理想的に規則正しい配列をしていることを想定して，結晶の構造について述べた．しかし実在の結晶は次に述べる何らかの格子の乱れ，すなわち格子欠陥をもっている．**格子欠陥**とは，結晶の小部分をとったとき正規の組成からずれている状態のものをいう．具体的には以下に述べる欠陥がある．

〔1〕 **原子空孔，格子間原子，不純物原子**

　原子空孔，格子間原子，不純物原子を総称して**点欠陥**とよばれる．**図 2・10** に示すように，本来結晶原子が入るべきところに結晶が存在しない現象を**原子空孔**という．また，原子と原子の間など本来結晶原子が入るべきでないところに結晶原子が入っている現象を**格子間原子**という．

　4章で半導体のキャリヤについて述べるが，半導体の電気伝導を引き起こすためには不純物を添加することが必要である．この**不純物原子**も結晶欠陥の一種である．本来結晶原子が入るべきところに不純物原子が置き換わって入っている不純物を**置換形不純物原子**，原子と原子の間に入っている不純物を**格子間不純物原子**という．

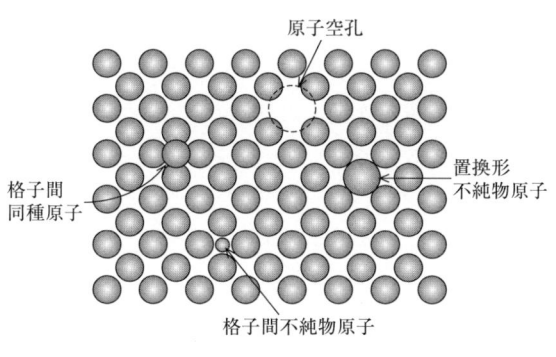

● 図 2・10　結晶中の点欠陥 ●

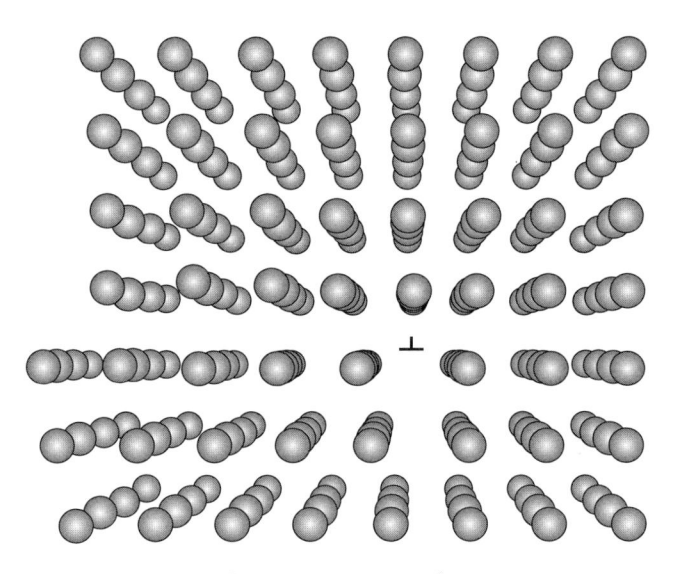

● 図2・11　刃状転位 ●

〔2〕 転　位

図2・11は**刃状転位**とよばれる転位の一つの形態であるが，格子原子の並び方に不整が見られる．この場合に図中に⊥で描いた，紙面に垂直な1本の線の上に欠陥が並んでいるので，これを**線欠陥**という．

〔3〕 **結晶表面，結晶粒界，積層欠陥**

結晶表面は，そこで原子の配列が断ち切られるので，格子欠陥の一種と考えられている．

結晶粒界は図2・1(b)の多結晶でみられるように，結晶の原子配列の方向が途中で変わったときに，両方の方位に適合するように原子が不連続に並んだ境界面のことを示す．

積層欠陥は，面心立方格子など最充填構造をとる結晶において，結晶面の積み重ねがある部分でずれたときに原子面の食い違いによって生じる欠陥である．これらの欠陥は総称して**面欠陥**という．

結晶にこれらの欠陥があると，完全な結晶では認められない，いろいろな現象が生じる．例えば，本来透明な結晶が着色する，導電率が変化する，固体内の不純物原子の拡散が容易になるなどである．

まとめ

○ 固体には，単結晶，多結晶，アモルファスの3種類がある．
○ 半導体結晶は原子が規則正しく並んだ単結晶である．
○ 半導体結晶にはダイヤモンド構造，閃亜鉛鉱構造，ウルツァイト構造がある．
○ 結晶構造を解析するために，X線回折や電子線回折という技術がある．
○ 実際の半導体結晶では，さまざまな結晶欠陥がある．

演習問題

問1 金属銀は面心立方構造をもち，格子定数は $a = 4.09\,\text{Å}$ である．単位体積当たりの銀原子の個数を求めなさい．

問2 Si の単位体積当たりの原子数を求めなさい．ただし，格子定数は $5.43\,\text{Å}$ である．

問3 GaAs の単位体積当たりの Ga および As 原子の個数を求めなさい．ただし，格子定数は $5.65\,\text{Å}$ である．

問4 格子定数が a である単純立方格子，体心立方格子，面心立方格子の格子位置に剛球を詰める．剛球は最近接の原子と接しているものと仮定するとき，次の問に答えなさい．

(1) 各格子に詰めることができる剛球の半径はいくらか．
(2) 各格子の体積に対する剛球の体積の比を求めなさい．

問5 電子を $40\,\text{kV}$ で加速したときの電子の速度，運動量，および運動エネルギーはいくらか．また，このようにして得られた電子線の波長は何 Å か．

3章
エネルギーバンド図

　本章では，半導体の電気伝導を理解するうえで基礎となるバンド理論について述べる．最初に孤立した原子のエネルギー準位の考え方について学ぶ．孤立した原子が接近して結晶になるとエネルギーバンドを形成する．このエネルギーバンドの形成のプロセスについて学んだ後に，エネルギーバンドによる金属，半導体，絶縁体の違いについて述べる．半導体のバンド理論を厳密に理解するためには，量子力学の助けが必要であるが，本書では半古典的な取扱いで述べる．

1 エネルギー準位について理解しよう

　まず，孤立した1個の原子内にある電子のエネルギーを考える．前期量子論とよばれる時代にボーアが最も簡単な水素原子中の電子の運動について，図3・1(a) に示すような簡単なモデルを提案している．水素原子内の電子のエネルギーは，以下のいくつかの仮定から導くことができる．

【ボーアモデルの仮定】
① 電子は原子核の周りを一定速度で円軌道運動をする．
② 電子は特定の軌道上でのみ安定な運動を続けることができ，その軌道上では，電子の各運動量は常に $h/2\pi$（h は**プランク定数**）の整数倍である（**量子条件**）．

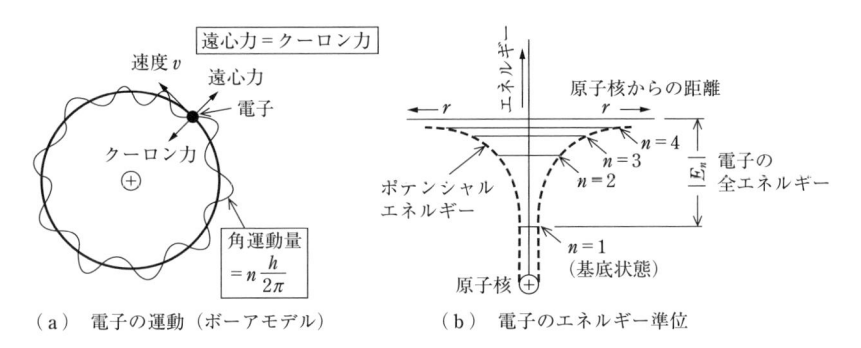

(a) 電子の運動（ボーアモデル）　　(b) 電子のエネルギー準位

● 図3・1　ボーアモデル ●

③ 電子の全エネルギーは運動エネルギーとポテンシャルエネルギーの和である．仮定①より，電子に作用する遠心力とクーロン力がつり合っていることから

$$\frac{1}{4\pi\varepsilon_0}\frac{q^2}{r^2} = \frac{mv^2}{r} \tag{3・1}$$

ここで，m は電子の質量，v は電子の速度，r は電子の円運動の半径，q は電子の電荷，ε_0 は真空の誘電率（8.854×10^{-12} F/m）である．

仮定②より

$$mvr = n\frac{h}{2\pi} \tag{3・2}$$

ここで，n は正の整数値（1, 2, 3, …）をとり，**主量子数**という．

仮定③より電子の全エネルギー E_n は

$$E_n = \frac{1}{2}mv^2 + \left(-\frac{q^2}{4\pi\varepsilon_0 r}\right) \tag{3・3}$$

として式（3・1），式（3・2）より次のように求められる．

$$E_n = -\frac{mq^4}{8\varepsilon_0^2 h^2 n^2} = -\frac{13.6}{n^2} \text{〔eV〕} \tag{3・4}$$

また，$r = r_n$ とおくと電子の軌道半径は

$$r_n = \frac{4\pi\varepsilon_0}{mq^2}\left(n\frac{h}{2\pi}\right)^2 \tag{3・5}$$

この電子のエネルギーの値は負となっている．このことは，電子が原子核の影響から離れて孤立している場合（$r = \infty$）に比べ，$|E_n|$ だけ低いエネルギー状態にあることを意味している．また，電子のエネルギーはとびとびの離散的な値をとることがわかる．そのようすを模式的に示したのが図 3・1（b）である．電子は原子核に束縛されているので，水素原子から電子をとって原子をイオン化するには，$|E_n|$ のエネルギーが必要であることを示している．

$n = 1$ のときがエネルギー的に最も安定で**基底状態**とよばれ，エネルギーは -13.6 eV である．1 eV は電子が 1 V の電位差で加速されたときに得られるエネルギーである．1 C の電荷が 1 V の電位差で加速されたときに得られるエネルギーは 1 J であり，電子の電荷は -1.602×10^{-19} C なので，1 eV = 1.602×10^{-19} J となる．また，$n = 1$ のときの電子の軌道半径は 0.053 nm で，この値を**ボーア半径**とよぶ．

式 (3·4), (3·5) より n の値が大きくなると, 電子の軌道は原子核から次第に離れて, エネルギーは高くなる. $n=\infty$ のとき $r=\infty$ であり, エネルギーは 0 となる. これは, 水素が完全に電離した状態である.

2 エネルギーバンドの形成と固体の分類について学ぼう

〔1〕1個の孤立した Si 原子のエネルギー準位と電子配置

次に半導体結晶のエネルギーバンドと電子配置について考える. ここでは Si 原子を例にして説明する. Si の原子番号は 14 であり, 1個の Si 原子は 14 個の電子をもつ. したがって, 本章 1 節で述べた半古典的なボーアのモデルでは 14 個の電子が低いエネルギーの軌道から順番に入っていく. 各軌道に存在できる電子の最大数は, 一つの量子状態には一つの電子しか入れないというパウリの排他律で決まっており, 電子がエネルギーの低い量子状態から満たされていく. 各軌道に収容できる電子の最大数と Si 原子の電子配置を**表 3·1** に示す. ここで, K, L, M, N は前節で述べた主量子数 $n=1, 2, 3, 4$ に対応し, 軌道半径とエネルギーの大きさと関連がある. s, p, d, f は軌道の形とその軌道に収容できる電子の数と関連があり, 方位量子数 l と対応する.

Si の電子配置を模式的に示したのが**図 3·2** である. 電子は全体のエネルギーが最小になるように $n=1$ から順番に低い軌道から埋められていく.

電子が存在する一番外側の軌道は**最外殻軌道**とよばれる. Si の場合は, $n=3$ に相当する. Si では 3s と 3p の軌道に配置されている 4 個の電子が価電子となり, 隣り合う 4 個の Si 原子の最外殻軌道の電子を共有して共有結合を形成する. **図 3·3** に Si 原子の配列を模式的に示す. 実際の Si 原子は, 一つの Si 原子を中心にして 4 個の Si 原子が正四面体の各頂点を占める配置となる. 共有結合は, 量子力学的な表現では sp^3 混成軌道を形成することによりつくられる.

● 表 3·1 Si 原子における電子の配置 ●

軌　　道	K ($n=1$)	L ($n=2$)		M ($n=3$)			N ($n=4$)			
	1s	2s	2p	3s	3p	3d	4s	4p	4d	4f
各軌道に収容可能な電子数	2	2	6	2	6	10	2	6	10	14
電子数 (Si の場合)	2	2	6	2	2	0	0	0	0	0

2 エネルギーバンドの形成と固体の分類について学ぼう

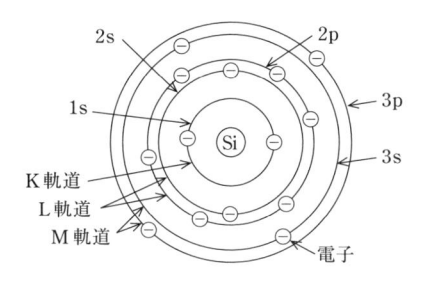

● 図3・2 Si 原子の電子配置 ●

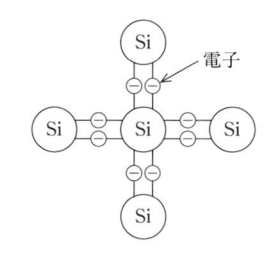

● 図3・3 共有結合を形成している Si 原子の配列 ●

　Si 原子が 1 個だけ孤立しているときのエネルギー準位は，図 3・1 (b) と同様な方法で考えることができる．$n=1$ では 1s 軌道に 2 個の電子が存在する．$n=2$ では 2s 軌道の 2 個の電子と 2p 軌道の 6 個の電子が存在するので，2s 軌道のエネルギー準位に電子が 2 個，2p 軌道のエネルギー準位に電子が 6 個存在することになる．同様にして $n=3$ では，Si は 3s 軌道と 3p 軌道にそれぞれ 2 個ずつ電子が存在するので，3s 軌道のエネルギー準位に電子が 2 個，3p 軌道のエネルギー準位に電子が 2 個存在することになる．

〔2〕 エネルギーバンドの形成

　前項で述べたように，1 個の孤立した水素原子の場合は図 3・1 (b) に示すように，電子のエネルギー準位が主量子数 n のみに依存した離散的な値をとったが，多電子原子になると同一の n に対して s 電子，p 電子，d 電子などの準位が異なったエネルギーとなる．さらに原子が集合して結晶となると電子は隣接原子からの作用を受けて s 電子，p 電子，d 電子などの準位自体が，微小なエネルギー差のいくつかの準位に分裂して帯状の幅をもつようになる．複数の原子が結晶の原子間隔まで近づいた場合，電子のエネルギー準位の重なりから**エネルギーバンド**を形成するようになる．

　このようすを模式的に示したのが**図 3・4** である．1s，2s，2p 電子は原子が多数集合しても孤立原子の場合とあまり変化はない．3s，3p 電子は孤立原子であれば，それぞれの原子に対して同一のエネルギーをもつが，原子が多数集合した場合には，隣接原子間のポテンシャルエネルギーは図 3・4 のように重なり，低下する．電子は隣接原子のエネルギーの影響を受けて，1 本だった電子のエネルギー準位は原子の個数と同じ数だけ微細に異なる準位に分離し，ある範囲にまとまる．この範囲を**エネルギーバンド**とよぶ．一つのエネルギーバンドのエネルギー

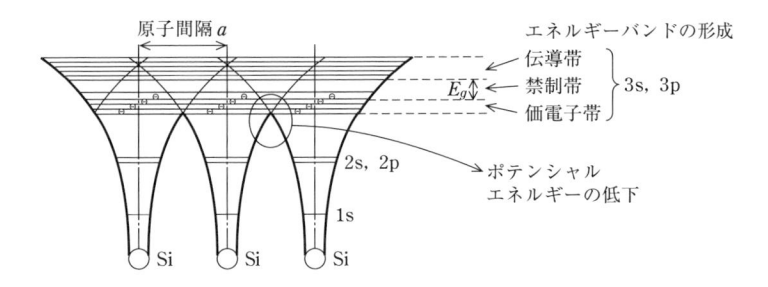

● 図3·4　Si結晶のエネルギー準位とエネルギーバンド ●

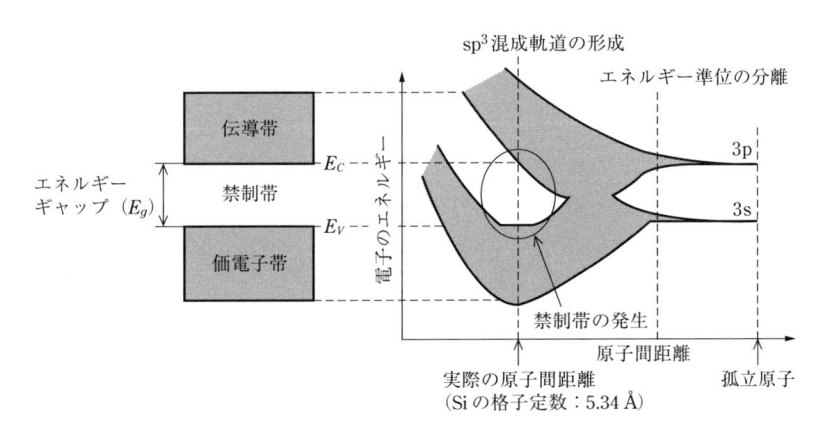

● 図3·5　Si原子が接近してSi結晶となったときのエネルギーバンドの模式図 ●

準位の数（分裂した準位の数）は，1個1個の原子の状態の数と集団を形成する原子の数との積に等しい．

　Si原子を接近させ，ダイヤモンド格子を形成したときのエネルギーバンドの模式図を**図3·5**に示す．Siの場合，原子間距離が小さくなると四つの原子で正四面体構造を形成する．このとき，原子1個当たり3sに2個，3pに2個の合計4個あった電子がsp^3混成軌道を形成する．この軌道の4個の電子全部が図3·5の下のエネルギーバンドを満たす．これら4個の電子は価電子であるので，この帯を価電子帯という．

　これに対し，1原子当たり四つの状態がある上の帯，すなわち図3·5に示したSiのバンド構造の伝導帯には，絶対零度では電子は存在しない．このような状態では，電子は原子にしっかりと共有結合されていて，Siに電圧を印加しても

● 表3・2　各種半導体材料の禁制帯幅 ●

半導体材料	禁制帯幅〔eV〕(300K)
Si	1.12
Ge	0.66
GaAs	1.42
GaP	2.26
InAs	0.36
InP	1.35
AlAs	2.36
GaN	3.39
InN	0.64
AlN	6.2

電流は流れない．

　伝導帯の下端と価電子帯の上端とのエネルギー差を，**禁制帯幅**または**バンドギャップ**といい，図 3・5 では E_g で表されている．禁制帯は電子が存在することができないエネルギーバンドを示す．これに対して，先述した伝導帯や価電子帯のように電子が存在できるエネルギーバンドのことを許容帯という．**表 3・2** に各種半導体材料の禁制帯幅を示す．半導体の禁制帯幅は材料ごとに異なる．また，同じ材料でも温度によって変化する．

　Si のバンドギャップは室温では約 1.12 eV と比較的小さいので，$T > 0$ K では価電子の一部は熱エネルギーによって共有結合から離れ，伝導帯に励起されることになる．この電子は伝導電子として結晶内を自由に動けるようになり，電界を印加するとドリフト電流が流れる．

〔3〕　**金属・半導体・絶縁体の違いを理解しよう**

　多くの物質の中には，金属のように電気をきわめてよく通すものや，ダイヤモンドのように電気抵抗の高いものがある．このような相違が生じる理由を，エネルギーバンド理論から定性的に説明する．

　結晶内の電子エネルギーは，禁制帯で隔てられた許容帯から成り立っているが，これらの許容帯の電子の埋まり具合によって金属や絶縁体の区別が生じる．

　図 3・6 (a) は金属銅の例である．3p 準位は完全に電子で埋められる．禁制帯を隔てて，3d，4s，4p 準位がすべて重なって一つの許容帯を形成しているが，

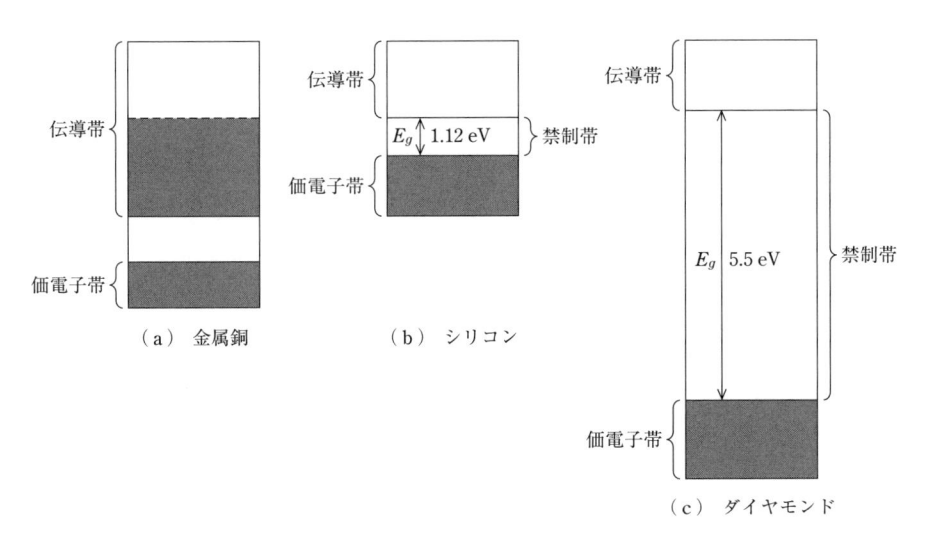

● 図3・6　金属，半導体，絶縁体のエネルギーバンド ●

まず 3d 準位は全部電子で埋められ，ついで 4s 準位の一部が電子で埋められる．この 4s 電子は価電子で結晶中の自由電子となる．

図 3・6 (b) は半導体の Si の例である．Si は 2 個の 3s 軌道電子と 2 個の 3p 軌道電子で sp^3 混成軌道を形成し，これによって価電子帯が形成される．この上に電子が存在しない伝導帯が 1.12 eV の禁制帯幅に隔てられて存在している．

図 3・6 (c) は絶縁体のダイヤモンドの例で，禁制帯幅が 5.5 eV という大きい値である．この場合，価電子帯の電子に 5.5 eV の大きなエネルギーを与えない限り，電子を伝導帯に励起させることができず，電流が流れにくいので，絶縁体となる．

まとめ

○ ボーアの水素原子モデルより，孤立した原子のエネルギー準位は，量子条件により電子のエネルギーは離散的な値をとる．
○ 孤立した Si 原子は最外殻軌道の電子を共有して共有結合を形成する．
○ Si 原子が接近して結晶になると，エネルギー準位が細かく分裂し，禁制帯を隔てて価電子帯と伝導帯というエネルギーバンドを形成する．
○ エネルギーバンドの形成によって固体物質が金属，半導体，絶縁体に分かれる．

演習問題

問1 水素原子のボーアモデルにおいて式 (3・1)，(3・2) から式 (3・4)，(3・5) を導きなさい．また，基底状態のエネルギーとボーア半径を求めなさい．

問2 水素原子のボーアモデルと同じように考えて，Si 原子におけるドナー電子の軌道半径とイオン化エネルギーを求めよ．ただし，Si の比誘電率は 12 とし，Si 中の電子の有効質量（Si の伝導帯中での電子の質量）m_n^* は電子の静止質量 $m = 9.1 \times 10^{-31}$ kg の 0.5 倍であるとする．

問3 Si 原子が集合して結晶を形成すると，エネルギーバンドが生じる理由を説明せよ．

4 章
半導体のキャリヤ

　本章では半導体のキャリヤの性質とキャリヤ密度について学ぶ．最初に半導体のキャリヤ密度を計算するために必要となる，状態密度関数とフェルミ・ディラック分布関数の概念について述べる．次にこれらの概念を用いてキャリヤ密度の計算とフェルミ準位について学ぶ．最後に，真性半導体と不純物半導体の違いについて学び，それぞれの半導体のキャリヤ密度について述べる．

1 状態密度関数とフェルミ・ディラック分布関数について学ぼう

　前章において，半導体は $T > 0\,\mathrm{K}$ では価電子の一部は熱エネルギーによって共有結合から離れ，伝導帯に励起されることを述べた．この電子は伝導電子として結晶内を自由に動けるようになり，電界を印加すると電流が流れる．一方，価電子帯に残った電子の抜け殻は正孔となって伝導電子とともに半導体中の電気伝導に大きな役割を果たす．伝導電子や正孔のように半導体中の電荷の運び手を**キャリヤ**という．本節ではキャリヤの密度を求めるために必要となる状態密度とフェルミ・ディラック分布関数について述べる．

　伝導帯における伝導電子の密度は，①伝導帯中に電子が存在できる場所がいくつあるか，②それらの場所を電子が埋める割合（確率）はいくらなのかの二つから求めることができる．

　伝導帯において，伝導電子が存在できる場所の密度を**状態密度**という．これは単位体積（$1\,\mathrm{m}^3$）当たり，単位エネルギー（$1\,\mathrm{eV}$）当たりのエネルギー準位の数（電子が存在できる席の数）である．状態密度は三次元結晶におけるゾンマーフェルトの金属模型から計算することができる．エネルギーバンド内の単位体積および単位エネルギー当たりの量子状態の数 $N(E)$ は

$$N(E) = 4\pi \left(\frac{2m_n^*}{h^2}\right)^{\frac{3}{2}} E^{\frac{1}{2}} \qquad (4\cdot 1)$$

で与えられ，これを**状態密度関数**という．ここで，m_n^* は電子の有効質量である．

　伝導帯の伝導電子の状態密度 $g_C(E)$ は，伝導帯下端のエネルギーを E_C とすると

1 状態密度関数とフェルミ・ディラック分布関数について学ぼう

$$g_C(E) = 4\pi \left(\frac{2m_n{}^*}{h^2}\right)^{\frac{3}{2}} (E-E_C)^{\frac{1}{2}} \quad (4\cdot 2)$$

となる．ここで，$E > E_C$，$m_n{}^*$は電子の有効質量である．

同様にして，価電子帯の正孔の状態密度 $g_V(E)$ は，価電子帯頂上のエネルギーを E_V とすると

$$g_V(E) = 4\pi \left(\frac{2m_p{}^*}{h^2}\right)^{\frac{3}{2}} (E_V-E)^{\frac{1}{2}} \quad (4\cdot 3)$$

となる．ここで，$E < E_V$，$m_p{}^*$は正孔の有効質量である．これらの式から，状態密度はエネルギー E の平方根に比例して増加する．

電子が存在できる席を電子が埋める確率は，電子のエネルギー分布を表す**フェルミ・ディラック分布関数**で与えられる．この関数は一つの電子が，エネルギー E の準位を占める確率を表しており

$$f_n(E) = \frac{1}{1+\exp\left(\dfrac{E-E_F}{kT}\right)} \quad (4\cdot 4)$$

で与えられる．ここで，E_F は**フェルミ準位**，k はボルツマン定数，T は絶対温度である．$f_n(E)$ は $E = E_F$ のとき 0.5 となる．すなわち**フェルミエネルギー**は電子の存在確率が 0.5 となるエネルギーである．また $f_n(E)$ は温度の関数であり，$T = 0$ K のとき，$f_n(E) = 1$（$E < E_F$），$f_n(E) = 0$（$E > E_F$）である．$T > 0$ K では，温度の上昇とともに，大きなエネルギーをもつ電子の存在確率が増加するため，$f_n(E)$ は**図 4・1** に示すように変化する．

また，$E - E_F \gg kT$ であるエネルギーの高い領域では，式 (4・4) は次のようにマクスウェル・ボルツマン分布関数で近似できる．

$$f_n(E) = \exp\left(-\frac{E-E_F}{kT}\right) \quad (4\cdot 5)$$

一方，正孔が占める確率 $f_p(E)$ は電子が存在しない確率であるから

$$f_p(E) = 1 - f_n(E) = \frac{1}{1+\exp\left(\dfrac{E_F-E}{kT}\right)} \quad (4\cdot 6)$$

で与えられる．

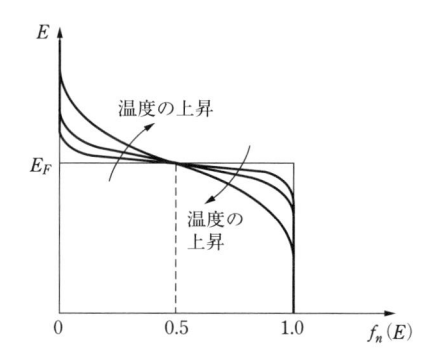

● 図 4・1　フェルミ・ディラック分布関数の温度による変化 ●

2 キャリヤ密度について理解しよう

　伝導帯のエネルギー E と $(E+dE)$ の間に存在する単位体積当たりの電子数 $n(E)$ は，伝導帯の状態密度 $g_C(E)$ とフェルミ・ディラック分布関数 $f_n(E)$ の積で与えられる．したがって，伝導帯内の単位体積当たりの全電子数，すなわち電子密度 n は $n(E)$ を E_C から∞まで積分して得られる．なお，この計算を模式的に示したものが図 4・2 である．この図には価電子帯における正孔のエネルギー分布 $p(E)$ についても示してある．

$$\begin{aligned}
n &= \int_{E_C}^{\infty} g_C(E) f_n(E) \, dE \\
&= \int_{E_C}^{\infty} 4\pi \left(\frac{2m_n{}^*}{h^2}\right)^{\frac{3}{2}} (E-E_C)^{\frac{1}{2}} \frac{1}{1+\exp\left(\dfrac{E-E_F}{kT}\right)} dE \\
&\cong \int_{E_C}^{\infty} 4\pi \left(\frac{2m_n{}^*}{h^2}\right)^{\frac{3}{2}} (E-E_C)^{\frac{1}{2}} \exp\left(-\frac{E-E_F}{kT}\right) dE \\
&= 4\pi \left(\frac{2m_n{}^*}{h^2}\right)^{\frac{3}{2}} \int_{E_C}^{\infty} (E-E_C)^{\frac{1}{2}} \exp\left(-\frac{E-E_F}{kT}\right) dE
\end{aligned}$$

これは，$(E-E_C)/kT = x$ とおいて計算すると（問 5 参照）

$$n = 2\left(\frac{2\pi m_n{}^* kT}{h^2}\right)^{\frac{3}{2}} \exp\left(\frac{E_F-E_C}{kT}\right) = N_C \exp\left(\frac{E_F-E_C}{kT}\right) \tag{4・7}$$

$$N_C = 2\left(\frac{2\pi m_n{}^* kT}{h^2}\right)^{\frac{3}{2}} \tag{4・8}$$

（a） エネルギーバンド　　（b） 状態密度　　（c） フェルミ・ディラック分布関数　　（d） キャリヤ密度

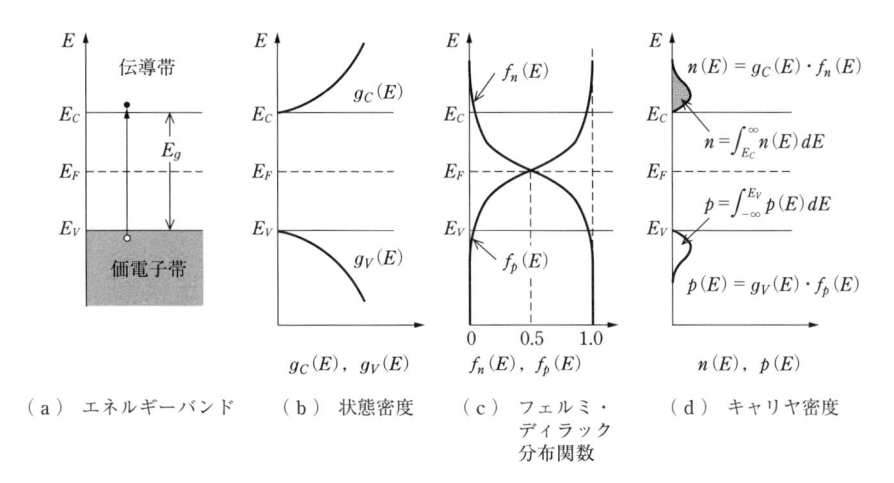

● 図 4・2　真性半導体におけるエネルギーバンドとキャリヤ密度の関係 ●

が得られる．ここで，N_C は伝導帯の実効状態密度とよばれ，伝導帯にあるすべてのエネルギー準位を伝導帯の下端のエネルギー E_C に仮想的に集めたときの実効的な状態密度である．

同様にして，価電子帯の正孔密度を求める．価電子帯のエネルギー E と $(E+dE)$ の間に存在する電子数 $p(E)$ は，価電子帯の状態密度 $g_V(E)$ とフェルミ・ディラック分布関数 $f_p(E)$ の積で与えられる．したがって，価電子帯内の正孔密度 p は $p(E)$ を $-\infty$ から E_V まで積分して以下の式のように得られる．

$$p = \int_{-\infty}^{E_V} g_V(E) f_p(E) \, dE$$

$$\cong \int_{-\infty}^{E_V} 4\pi \left(\frac{2m_p^*}{h^2}\right)^{\frac{3}{2}} (E_V - E)^{\frac{1}{2}} \exp\left(\frac{E - E_F}{kT}\right) dE$$

$$p = 2\left(\frac{2\pi m_p^* kT}{h^2}\right)^{\frac{3}{2}} \exp\left(\frac{E_V - E_F}{kT}\right) = N_V \exp\left(\frac{E_V - E_F}{kT}\right) \tag{4・9}$$

$$N_V = 2\left(\frac{2\pi m_p^* kT}{h^2}\right)^{\frac{3}{2}} \tag{4・10}$$

ここで，N_V は価電子帯の実効状態密度を表す．

③ 半導体のキャリヤ密度と不純物準位について学ぼう

〔1〕 真性半導体

不純物濃度がきわめて低く，高純度に精製された半導体を**真性半導体**という．真性半導体におけるキャリヤは，熱的に励起されて生じた電子・正孔対である．したがって，電子密度 n と正孔密度 p は等しい．真性半導体の電子密度 n と正孔密度 p を，特に**真性キャリヤ密度**とよび，n_i という記号で表す．電子密度 n と正孔密度の積は次項で述べるように，n_i の二乗となるから，式（4・7）と式（4・9）より真性キャリヤ密度 n_i は

$$n_i = \sqrt{np} = \sqrt{N_C N_V} \exp\left(-\frac{E_g}{2kT}\right) \tag{4・11}$$

となる．真性キャリヤ密度 n_i は温度 T の関数であり，温度の増加とともに n_i は増加していくことがわかる．図 4・3 に Si および GaAs の真性キャリヤ密度の温度変化を示す．温度の増加とともに n_i が増加するのは，温度上昇による熱エネルギーの増加により多くの電子・正孔対が発生するためである．

真性半導体のフェルミ準位は**真性フェルミ準位**とよばれ，E_i という記号で表

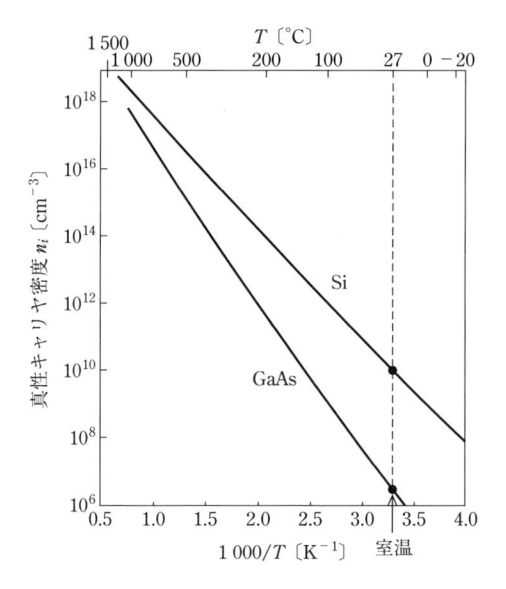

● 図 4・3 Si および GaAs の真性キャリヤ密度の温度変化 ●

(a) エネルギーバンド図　　　(b) キャリヤ密度

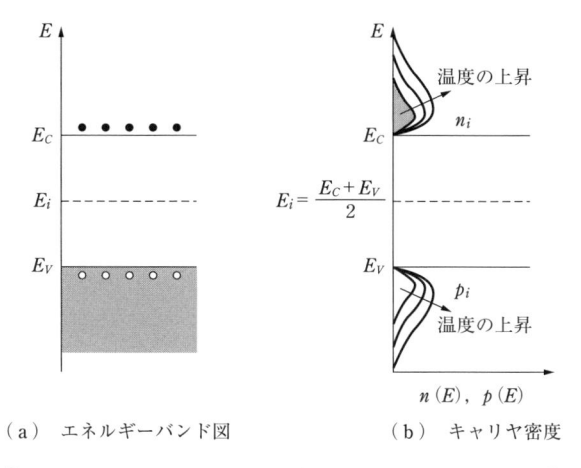

● 図 4・4　真性半導体のエネルギーバンド図とキャリヤ密度 ●

す. 真性半導体の電子密度 n_i と正孔密度 p_i は等しいから, 式 (4・7), (4・9) で $E_F = E_i$ とおくと

$$N_C \exp\left(\frac{E_i - E_C}{kT}\right) = N_V \exp\left(\frac{E_V - E_i}{kT}\right)$$

$$E_i = \frac{E_C + E_V}{2} + \frac{kT}{2} \ln\left(\frac{N_V}{N_C}\right) = \frac{E_C + E_V}{2} + \frac{3kT}{4} \ln\left(\frac{m_p{}^*}{m_n{}^*}\right) \tag{4・12}$$

となる. 室温では, $\dfrac{E_C + E_V}{2} \gg \dfrac{3kT}{4} \ln\left(\dfrac{m_p{}^*}{m_n{}^*}\right)$ となり

$$E_i = \frac{E_C + E_V}{2} \tag{4・13}$$

と表される. したがって, **図 4・4** に示すように真性フェルミ準位 E_i は E_C と E_V のほぼ真ん中, すなわち禁制帯のほぼ中心に位置する.

〔2〕 **不純物半導体**

真性半導体に対して, ある程度の導電性を与えるため, ある種の不純物を添加して導電性を制御したものを**不純物半導体**という. 不純物半導体には 2 種類ある. 正孔を供給する不純物を与え, 正孔の移動によって電流が流れる半導体を **p 形半導体**とよぶ. 一方, 電子を供給する不純物を与え, 電子の移動によって電流が流れる半導体を **n 形半導体**とよぶ. 不純物半導体のキャリヤ密度とフェルミ準位について述べる前に, 不純物半導体における多数キャリヤおよび少数キャリヤ

の考え方についてまず述べる．

真性キャリヤ密度 n_i，および真性フェルミ準位 E_i を用いて，電子密度 n，および正孔密度 p を表現する．式 (4・7)，(4・9)，(4・12) より

$$n = N_C \exp\left(\frac{E_F - E_C}{kT}\right) = N_V \exp\left(\frac{E_F - 2E_i + E_V}{kT}\right)$$

$$= p \exp\left\{\frac{2(E_F - E_i)}{kT}\right\} = \frac{n_i^2}{n} \exp\left\{\frac{2(E_F - E_i)}{kT}\right\}$$

したがって，電子密度 n と正孔密度 p は次式となる．

$$n = n_i \exp\left(\frac{E_F - E_i}{kT}\right) \tag{4・14}$$

$$p = n_i \exp\left(\frac{E_i - E_F}{kT}\right) \tag{4・15}$$

この2式の積をとると

$$pn = n_i^2 \tag{4・16}$$

となる．この pn 積が一定という関係は，熱平衡状態において，真性半導体，n形半導体，p形半導体のいずれにおいても成立する．またこの関係から，半導体中の電子密度と正孔密度において，いずれか一方が真性キャリヤ密度 n_i より多い場合，他方が少なくなることがわかる．多い方のキャリヤを**多数キャリヤ**，少ない方のキャリヤを**少数キャリヤ**という．

式 (4・14)，(4・15) からフェルミ準位 E_F の位置と伝導形の関係について考える．**図4・5** (a) に示すように，$E_F - E_i > 0$ のとき，$n > n_i$ および $p < n_i$ であるので，$n > p$ となる．したがって，この半導体は n 形半導体で，多数キャリヤは電子，少数キャリヤは正孔となる．

同様にして，図4・5 (b) に示すように，$E_F - E_i < 0$ のとき，$n < p$ となる．したがって，この半導体は p 形半導体で，多数キャリヤは正孔，少数キャリヤは電子となる．これらの結果から，真性フェルミ準位 E_i とフェルミ準位 E_F の位置関係により，伝導形が決まることがわかる．

次にドナー密度 N_d の n 形 Si のキャリヤ密度およびフェルミ準位を求める．**図4・6** に示したように，n 形 Si に存在する電荷は，ドナー準位および価電子帯から伝導帯に励起した電子，伝導帯に電子が熱的に励起したために生じた価電子帯の正孔，およびドナーイオンである．それぞれの電荷密度は $-qn$，qp，qN_d

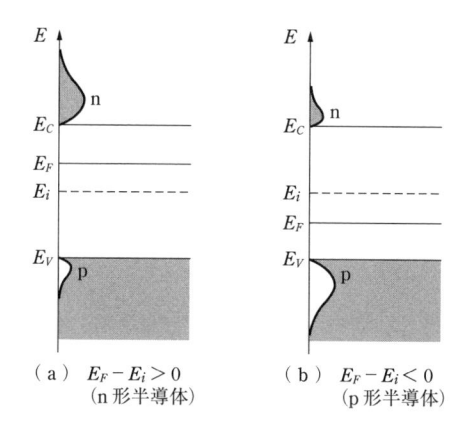

3 半導体のキャリヤ密度と不純物準位について学ぼう

(a) $E_F - E_i > 0$
(n形半導体)

(b) $E_F - E_i < 0$
(p形半導体)

● 図4・5　フェルミ準位 E_F の位置と伝導形の関係 ●

(a) エネルギーバンド図と電荷密度
(b) キャリヤ密度

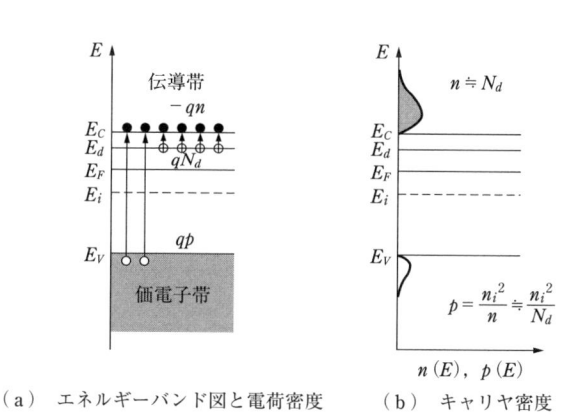

● 図4・6　n形 Si のエネルギーバンド図とキャリヤ密度 ●

である．電荷中性の条件より半導体中における電荷の総和は0になるので

$$-qn + qp + qN_d = 0 \tag{4・17}$$

したがって

$$n = N_d + p = N_d + \frac{n_i^2}{n} \tag{4・18}$$

$$n = \frac{1}{2}\left(N_d + \sqrt{N_d^2 + 4n_i^2}\right) \tag{4・19}$$

のように求められる．通常室温付近では，ドナー密度 N_d は真性キャリヤ密度 n_i に比べて大きい（$N_d \gg n_i$）ので，多数キャリヤ密度である電子の密度 n は

$$n \approx N_d \tag{4・20}$$

となる．また式 (4・16) より，少数キャリヤである正孔の密度は

$$p \approx \frac{n_i^2}{N_d} \tag{4・21}$$

である．また，n 形 Si におけるフェルミ準位は，式 (4・14) に式 (4・20) を代入して

$$E_F = E_i + kT \ln\left(\frac{N_d}{n_i}\right) \tag{4・22}$$

と表される．

次に p 形 Si のキャリヤ密度とフェルミ準位を求める．アクセプタ密度を N_a とすると，p 形 Si に存在する電荷は，伝導帯に励起された電子，価電子帯の正孔，およびアクセプタイオンである．それぞれの電荷密度は $-qn$, qp, $-qN_a$ である．これらを図 4・7 に示した．電荷中性の条件から

$$-qn + qp - qN_a = 0 \tag{4・23}$$

$$p = \frac{1}{2}\left(N_a + \sqrt{N_a^2 + 4n_i^2}\right) \tag{4・24}$$

と求まる．ここで，室温付近では $N_a \gg n_i$ であるから，多数キャリヤである正孔の密度は

$$p \approx N_a \tag{4・25}$$

となる．また式 (4・16) より，少数キャリヤである電子の密度は

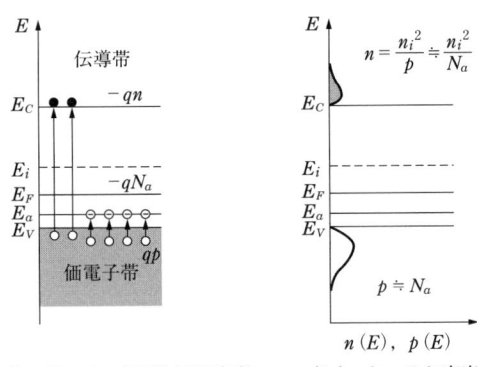

(a) エネルギーバンド図と電荷密度　　(b) キャリヤ密度

● 図 4・7　p 形 Si のエネルギーバンド図とキャリヤ密度 ●

$$n = \frac{n_i^2}{N_a} \tag{4・26}$$

である．p形 Si におけるフェルミ準位は式 (4・15) に式 (4・25) を代入して

$$E_F = E_i - kT \ln\left(\frac{N_a}{n_i}\right) \tag{4・27}$$

である．

ドナーとアクセプタの両方がドーピングされている場合は，密度の高いほうが伝導形を決める．図 4・8 は，密度 N_d のドナーと密度 N_a のアクセプタがドーピング（$N_a > N_d$）されている Si のエネルギーバンド図である．この場合，ドナー準位 E_d の電子は，エネルギーの小さいアクセプタ準位 E_a の空孔を埋め，ドナーは伝導電子を生み出さない．このことを補償という．一方，アクセプタは（$N_a - N_d$）のみが正孔を生み出すことになる．このことから，この Si は p 形になり，多数キャリヤ密度は $p ≒ N_a - N_d$ である．

● 図 4・8　密度 N_d のドナーと密度 N_a のアクセプタがドーピング
　　　　　（$N_a > N_d$）されている Si のエネルギーバンド図 ●

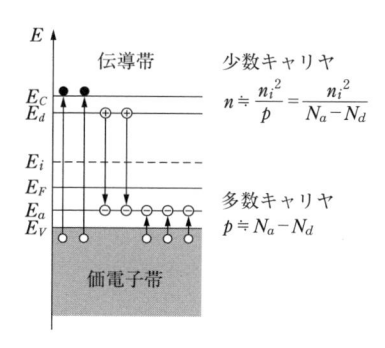

まとめ

○半導体のキャリヤ密度を計算するために必要となる，状態密度関数とフェルミ・ディラック分布関数の概念について学んだ．
○フェルミエネルギーは，電子の存在確率が 0.5 となるエネルギーである．
○キャリヤ密度は状態密度関数とフェルミ・ディラック分布関数の積である．
○真性半導体と不純物半導体についてのキャリヤ密度とフェルミ準位について学んだ．

演習問題

問1 ある p 形 Si の正孔密度が 10^{23} m^{-3} のとき，電子密度はいくらか．ただし，$n_i = 1.5 \times 10^{16}$ m^{-3} とする．

問2 アクセプタ密度 $N_a = 10^{24}$ m^{-3} の p 形 Si がある．電子密度 n と正孔密度 p を求めよ．また，フェルミ準位の位置 E_F を真性フェルミ準位 E_i を基準にして求め，エネルギーバンド図を描け．

問3 P（リン）が 5×10^{22} m^{-3} だけ添加されている Si がある．さらに B（ホウ素）を 10^{23} m^{-3} だけ添加した．この Si は n 形，p 形のどちらか．また，電子密度 n，および正孔密度 p はいくらか．

問4 問3におけるフェルミ準位の位置 E_F を真性フェルミ準位 E_i を基準にして求め，エネルギーバンド図を描け．

問5 式 (4・7) を導きなさい．

5 章

半導体の電気伝導（1）　ドリフト電流

　物質に電源を接続した際に流れる電流の大きさは，通常，オームの法則に従い，抵抗率とよばれる材料の種類で決まる定数と印加電圧の大きさで決定される．この章では，電界により半導体中のキャリヤがどのように振舞うかを，キャリヤに働くクーロン力と結晶格子と不純物原子との散乱過程を考慮して理解する．ここで得られた知識は，今後，MOSFETとよばれる電界効果トランジスタを理解するときに非常に役に立つものとなる．

1　平均緩和時間と移動度の関係

　半導体内部で電荷を運ぶキャリヤには，負電荷を帯びた**自由電子**（**伝導電子**）と，正電荷を帯びた**正孔**の2種類がある．半導体材料として広く用いられているシリコン（Si）は，最外殻の電子軌道に4個の価電子をもつⅣ族元素である．Siは，この4個の価電子を隣接する原子どうしで共有することにより，最外殻の電子軌道が閉殻となり，安定な結合状態である共有結合を形成している．その概要を，**図5・1**に示す．実際のSi結晶はダイヤモンド構造とよばれる三次元構造をとっているが，図ではその原子配置を模式的に示している．

　価電子の一部は，熱エネルギー，あるいは外部からの光エネルギーなどによっ

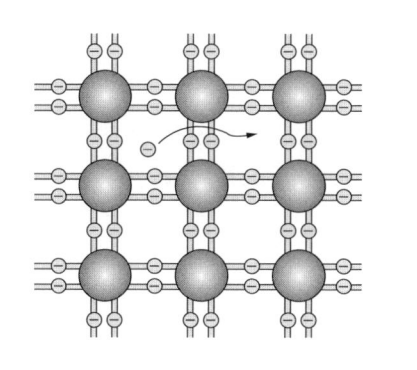

　　　　（a）伝導電子の移動　　　　　　　　　（b）正孔の移動

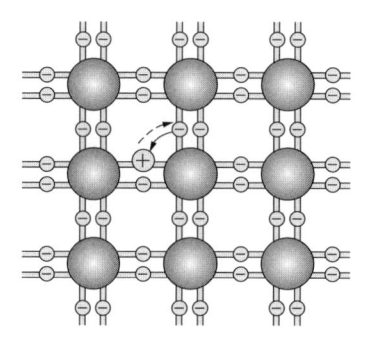

● 図5・1　半導体中の伝導電子と正孔の移動 ●

て励起され，共有結合が切れ自由電子となり半導体内部を移動し，半導体内部の電気伝導に寄与するようになる．一方，価電子は，原子どうしを共有結合により結びつけており，その安定な状態を保持し続ける．このような状態は，「動かない価電子の森の中」を，伝導電子が自由に移動しているとみなすことができ，真空中を運動する1個の孤立した電子に似ている．ただし，半導体中の伝導電子については，半導体原子が空間に存在するため，この影響の分だけ真空中とは異なる．これを考慮に入れた補正係数が，真空の誘電率との比，すなわち**比誘電率** ε_r である（通常，Si では ε_r は約 12 である）．図 5·1 (a) に示すように，価電子はその取り得る位置をすべて占有しているため，もし一つの価電子がどこかの価電子の位置に移動しようとしても，その位置の価電子と入換えをするしかない．このため，「空き」がない状態での価電子の移動は，実効的な電荷の移動を生じさせず，電流にはならない．

一方，正孔は，価電子帯中の価電子の「抜け穴」で正に帯電しており，その大きさは電子1個の電荷量 $q = 1.6 \times 10^{-19}$ C と等しい[†1]．正孔が移動する現象は，図 5·1 (b) に示すように，正孔に隣接する共有結合している価電子がその結合をいったん切り，正孔の位置に移動することにより正孔が移動する．実際には価電子が図中の実線の向きに移動するのであるが，見かけ上，正孔が価電子とは反対方向の図中の点線の向きに移動するとみなすこともできる．この移動のようすは，水中での気泡の上昇運動に似ている．実際に移動しているのは，気泡上部の水が下向きに動いているのであるが，見かけ上「気泡という粒」が上向きに移動しているようにみることができる．まさに，正孔という概念は，「価電子の抜け穴」を正に帯電した粒子のようにみなすことに対応する．

電界強度 E 〔V/m〕の空間に置かれた電荷 Q 〔C〕を帯びた粒子は，$F = QE$ のクーロン力を受ける．力の働く向きは，電荷の符号により異なる．したがって，伝導電子は**図 5·2** (a) に示すように電界の向きとは逆向きに移動する．一方，正孔は電界と同じ向きに移動する．電界による荷電粒子の移動を**ドリフト**という．

結晶を構成している原子は周期的に配置し，結晶格子，あるいは単に格子とよばれる．結晶中の原子は，その最もエネルギー状態の低い，安定な場所を中心に，

[†1] 電子1個がもつ電荷は -1.6×10^{-19} クーロン（C）である．この物質内の電荷のもととなる量を**素電荷**と呼び，$-e$〔C〕あるいは $-q$〔C〕と表記する．

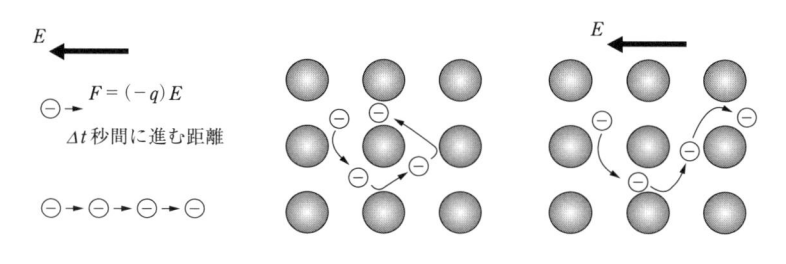

(a) 真空中（電界 E あり）　　(b) 結晶中（E なし）　　(c) 結晶中（E あり）

● 図 5・2　電界が加えられた結晶内の電子と結晶格子との衝突と加速のようす ●

熱エネルギーにより振動している．この振動を**熱振動**（**格子振動**）といい，結晶の温度が高くなるにつれて格子振動は激しくなる．

一方，伝導電子の運動エネルギーは，この結晶がもつ熱エネルギーと等しいことから次の式を得る．

$$\frac{m_n^* v_{\text{th}}^2}{2} = \frac{3kT}{2} \tag{5・1}$$

上式の左辺は運動エネルギーを表し，右辺は熱エネルギーを表す．k はボルツマン定数で，T は絶対温度である．v_{th} は電子の**熱速度**，m_n^* は電子の**有効質量**とよばれる定数である．半導体中のキャリヤは，真空中の電子の静止質量 m_0（≒ 9.109×10^{-31} kg）とは異なり，半導体結晶のエネルギーバンドの構造による影響を受ける．伝導帯と価電子帯では，そのエネルギーバンドの形状が異なるため，電子の有効質量 m_n^* と正孔の有効質量 m_p^* の大きさは異なる．式（5・1）を変形すると

$$v_{\text{th}} = \sqrt{\frac{3kT}{m_n^*}} \tag{5・2}$$

が得られる．半導体中の伝導電子の熱速度は，温度の増加に対して 1/2 乗で増加することがわかる．

実際の伝導電子は，格子振動している原子と不規則的な衝突を生じる．図 5・2 (b) は，図 5・1 で示した共有結合により原子を安定な状態に結びつけている価電子は省略してある．自由電子が原子との衝突を繰り返しているようすを示している．結晶中の伝導電子は，このランダムな格子振動により速度分布は一定ではなく広がりをもっている．固体結晶の原子密度は，およそ 10^{22} cm^{-3} 程度と非常

に多数の原子が含まれている．Si では各原子がそれぞれ 4 個の価電子を有するので，半導体を構成する原子の価電子は非常に多い．このように非常に多くの電子がかかわる現象では，平均値などの統計的な取扱いが役に立つ．格子振動による散乱は，全方向に等しい確率で生じるので，十分長い時間が経過しその移動距離を足し合わせると，最終的にはほとんど移動していないことになる．

半導体に外部電源を接続して電界を加えると，図 5·2 (c) に示すように，半導体中の電子は，電界によるドリフトと格子との衝突の両方が同時に生じる．ここで，格子散乱の影響は十分長い時間にわたって足し合わせると実質的には打ち消し合い 0 となるので，等価的には図 5·2 (a) のように電界によるドリフトのみを考慮すればよいことになる．ただし，結晶中の電子は真空中の電子とは異なり，結晶を構成している原子（格子）との衝突を繰り返しながらドリフトにより移動している．

電子が結晶格子と衝突し次の衝突までの平均時間間隔を，**平均緩和時間** τ という．平均緩和時間内にクーロン力で加速された電子は，この衝突間の加速で平均速度 $\bar{v}$ を得る．力の時間積分である力積は運動量の変化に等しいので，電子の平均緩和時間を τ_n，電子の有効質量を m_n^*，電子の平均速度を $\bar{v}_n$ とすると次の式を得る．

$$F\tau_n = m_n^* \bar{v}_n \tag{5・3}$$

ここで，伝導電子が原子と衝突するといったん速度が 0 となり，平均緩和時間の間に電界により加速され，また衝突を繰り返すとする．式 (5·3) を変形すると

$$\bar{v}_n = \frac{F\tau_n}{m_n^*} = -\frac{q\tau_n}{m_n^*}E \equiv -\mu_n E \tag{5・4}$$

となり，電子の平均速度 $\bar{v}_n$ は電界の強さに比例することがわかる．ここで比例係数 μ_n は，**移動度**とよばれる定数で，材料の種類や製造方法などでその値が変化する．実際の電子の平均速度 $\bar{v}_n$ は，小さな電界強度の範囲では式 (5·4) で示したように比例関係にある．しかし，次第に電界強度が高くなるにつれ，その速度の増加の割合が小さくなり，速度がある一定の値に飽和してしまうことが知られている．

正孔についても同様に考えることができる．電子と異なるのは，電界の向きと同じ向きに移動することと，有効質量と平均緩和時間が異なる点である．

$$\bar{v}_p = \frac{F\tau_p}{m_p{}^*} = \frac{q\tau_p}{m_p{}^*}E \equiv \mu_p E \tag{5・5}$$

ここで，$\bar{v}_p$ と μ_p はそれぞれ，正孔の平均速度と移動度である．

μ_n と μ_p を比較すると，一般的に $\mu_n > \mu_p$ が成り立つ．このことから，半導体に一定の電界を加えた場合には，自由電子をキャリヤとして用いる半導体のほうが，正孔をキャリヤとして用いたものより高速動作が可能であることがわかる．どちらかのキャリヤのみを用いる素子（デバイス）では，電子を用いるほうが有利である．たとえば，電界効果トランジスタ（FET）においては，電子をキャリヤとして用いる n チャネルの方が，正孔を用いる p チャネルに比べてより多く用いられている．

2 キャリヤ散乱の二つの理由

式（5・4），（5・5）から，電子の素電荷と平均緩和時間の積を有効質量で割った定数を，キャリヤの移動度と定義する．

$$\mu \equiv \frac{q\tau}{m^*} \tag{5・6}$$

半導体中のキャリヤの移動が妨げられる散乱現象には，2種類ある．一つは，結晶を構成する原子（格子）との散乱（**格子散乱**）である．もう一つは，不純物原子との散乱（**不純物散乱**）である．散乱の生じる時間間隔の平均が，平均緩和時間である．平均緩和時間の短縮は，式（5・6）から，移動度を低下させることがわかる．

格子散乱は，温度が高くなると熱エネルギーの増加により増加する．**図 5・3** は，

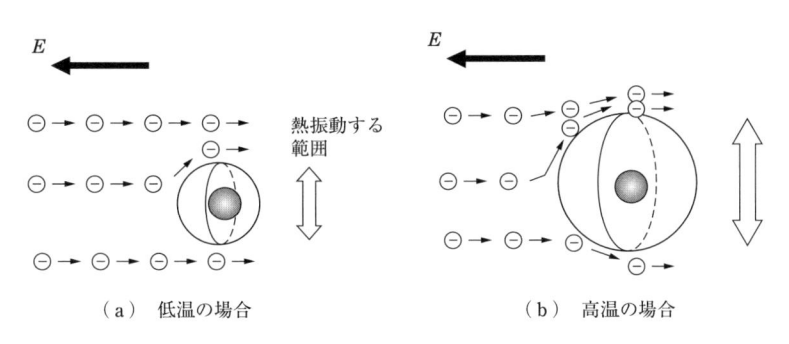

（a）低温の場合　　　　　　　　　　（b）高温の場合

● 図 5・3　温度の増加による格子散乱の増加のようす ●

電界を加えた半導体における,温度の増加による格子散乱の増加のようすを模式的に示したものである.図中の電子の移動は,実際には図5・2(c)のように,自由電子も格子散乱によりランダムな運動と電界によるドリフト影響の重ね合わせであるが,実質的に電流に影響を及ぼすドリフトによる運動のみを記している.結晶格子の熱振動の範囲は,図中で上下方向の矢印で示した範囲であるとする.結晶の温度がより高くなると,図5・3(b)に示すように熱振動が激しくなり原子が振動する範囲が,低温の場合に比べより広範囲になる.したがって,ドリフトによって原子の近くを電子が通過するとき,運動に影響を及ぼす範囲(断面積)が広くなり,散乱が生じやすくなる.この温度が高くなることによる格子散乱の増加は,平均緩和時間を短くする.格子散乱による移動度 μ_L は,温度の上昇につれて減少し

$$\mu_L = k_1 T^{-\frac{3}{2}} \tag{5・7}$$

と表される.ここで,k_1 は定数である.

　もう一つの散乱は,結晶中に存在する不純物原子による散乱である.通常,半導体中の不純物原子は,正または負に帯電している.これらの電荷は,負電荷をもつ伝導電子の移動に対して吸引あるいは反発力を生じさせてしまう.結晶中に含まれる不純物原子の密度が高いほど散乱を生じやすい.伝導電子の速度は,結晶の温度 T が高くなるほどより多くの熱エネルギーをもらうため早くなる.この速度の増加は,伝導電子が電荷を帯びた不純物原子の付近に滞在する時間を短くするため,散乱が生じにくくなる.不純物散乱による移動度 μ_I は,不純物原子密度を N_I〔m^{-3}〕とすると

$$\mu_I = k_2 \frac{T^{\frac{3}{2}}}{N_I} \tag{5・8}$$

で表される.ここで,k_2 は定数である.式(5・7)の格子散乱に比べると,不純物散乱の温度依存性は反対である.

　単位時間当たりに散乱が生じる頻度は,散乱が生じるまでの緩和時間の逆数である.キャリヤの移動を乱すこの散乱は,格子散乱と不純物散乱では原因が異なるため,それぞれを足し合わせたものが全体の散乱となるので,二つの散乱による確率を足し合わせると

$$\frac{1}{\tau} = \frac{1}{\tau_L} + \frac{1}{\tau_I} \tag{5・9}$$

となる．ここで右辺第一項の τ_L は格子散乱による平均緩和時間を，右辺第二項の τ_I は不純物散乱による平均緩和時間である．上式は，式 (5・6) より

$$\frac{1}{\mu} = \frac{1}{\mu_L} + \frac{1}{\mu_I} \tag{5・10}$$

となる．式 (5・7)，(5・8)，(5・10) から

$$\mu = \frac{1}{\dfrac{1}{\mu_L} + \dfrac{1}{\mu_I}} = \frac{1}{\dfrac{T^{\frac{3}{2}}}{k_1} + \dfrac{N_I}{k_2 T^{\frac{3}{2}}}} \tag{5・11}$$

と表される．

図 5・4 は，式 (5・11) を用いた移動度の温度変化のようすを数値計算した結果の例である．ここで縦軸の値は，任意目盛り（arbitrary unit）である．不純物密度が低い場合は，低温での不純物散乱の影響が少なくなり移動度は大きな値を取る．しかし，次第に温度が高くなるにつれ，いずれの不純物密度でも格子散乱が支配的になり移動度が減少している．不純物密度 N_I により温度の影響は変化するものの，温度 T が高い領域では，式 (5・11) の分母の第一項である格子散乱が移動度の値を決定づけ，低い領域では分母第二項の不純物散乱が支配的になる．半導体素子の動作速度の高速化を達成するためには，移動度を大きくすることは不可欠である．キャリヤを生じさせるためには，半導体結晶の生成工程で意図的にドナーあるいはアクセプタを添加する．これ以外の，意図しない不純物の混入はキャリヤ密度を変動させてしまうことのほかに，キャリヤの移動度を低

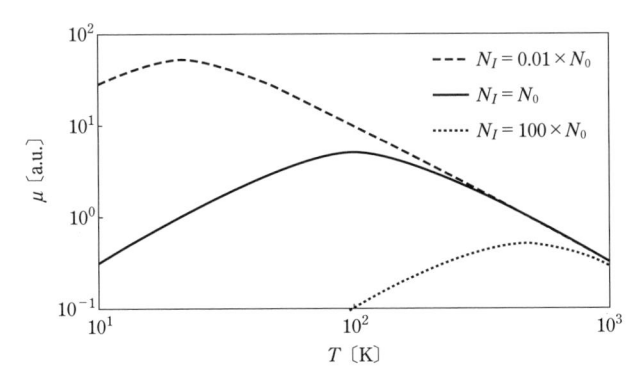

● **図 5・4** 移動度の温度変化の数値計算結果の例
（縦軸の移動度の大きさは任意目盛り）●

下させてしまうというデメリットを生じてしまう．

3 電界と電流の関係式の導出

本章1節で述べたように外部から電界を加えると，半導体中のキャリヤはクーロン力により移動することで**ドリフト電流**とよばれる電流を生じる．このドリフト電流の大きさを求めるために，**図5·5**に示すような，断面積が一定でキャリヤ密度が均一なn形半導体を考える．ここで，断面積を S_0 [m²]，電子密度を n [m⁻³]，キャリヤの速度が v_n [m/s] で Δt 秒間に距離 d_0 [m] 進んだとする．図5·5 (a) では，$x = d_0$ の断面を左から右へキャリヤが横切っている．電流 I [A]（=[C/s]）の定義は，単位時間当たりに通過する電荷の変化量である．この通過する電子の個数は，横切ったキャリヤをすべて $x = 0$ の場所へ移動させ，Δt 秒後に $x = d_0$ の場所へ到達したものとみなすことと等価である．Δt 秒間に $x = d_0$ を通過した電子は，図5·5 (b) に示すように断面積 S_0，高さ d_0 の円筒内に含まれる電子の個数と等しい．したがって，密度との積を取ることで，通過する電子の個数は $n S_0 d_0 = n S_0 v_n \Delta t$ 個となる．通過した電荷量は，これに電子の素電荷 $(-q)$ をかけたものである．単位面積当たりの電流を表す電流密度を J_n [A/m²] とすると，電流密度の定義と式 (5·4) から，次の式で表される．

$$J_n = \frac{I}{S_0} = \frac{\Delta Q}{S_0 \Delta t} = \frac{(-q) n S_0 v_n \Delta t}{S_0 \Delta t} = -q n v_n = q n \mu_n E \tag{5·12}$$

半導体中を伝導電子と正孔が移動する場合，電流密度は，電子による電流密度

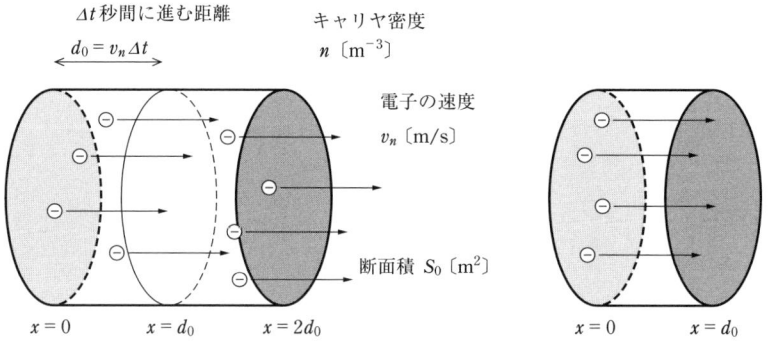

● 図5·5　ドリフト電流のようす ●

J_n と正孔による電流密度 J_p の足し合わせである．電子密度を n 〔m^{-3}〕，正孔密度を p 〔m^{-3}〕とすると，正孔の電流密度も式 (5・12) と同様に求められるので，次の式で表すことができる．

$$J = J_n + J_p = q\,(n\mu_n + p\mu_p)\,E \equiv \sigma E \qquad (5\cdot 13)$$

ここで σ 〔S/m〕は**導電率**とよばれ，電流の流れやすさを表す定数である．電子の電荷は負であるが，その移動方向も電界の向きと反対（負）であるため，式 (5・13) において伝導電子と正孔の二つのキャリヤの電子の電流密度は，どちらも正となり足し算で表される．

半導体の両端の電位差を V 〔V〕，長さを L_0 〔m〕とすると，$J = I/S_0$，$E = V/L_0$ を式 (5・13) に代入すると

$$I = JS_0 = q\,(n\mu_n + p\mu_p)\,ES_0 = q\,(n\mu_n + p\mu_p)\,\frac{S_0}{L_0}V \qquad (5\cdot 14)$$

となり，これを変形すると

$$V = \frac{1}{q\,(n\mu_n + p\mu_p)}\frac{L_0}{S_0}I \equiv \frac{1}{\sigma}\frac{L_0}{S_0}I \equiv \rho\frac{L_0}{S_0}I \equiv RI \qquad (5\cdot 15)$$

ここで，導電率 σ の逆数は**抵抗率** ρ とよばれ，単位体積当たりの電流の流れにくさを示す定数で，次元は〔$\Omega\cdot$m〕である．式 (5・15) の導出は，抵抗 R 〔Ω〕の半導体に電流 I を流すと電圧降下 V を生じるというオームの法則を導き出したことにほかならない．均質な材料であれば抵抗は，断面積に反比例し，長さに比例することがこの式からわかる．

5章 半導体の電気伝導(1) ドリフト電流

まとめ

・電界による電子と正孔のドリフトに関する重要な関係として次の式がある.

ドリフト速度	$\bar{v}_n = -\dfrac{q\tau_n}{m_n^*}E \equiv -\mu_n E,\quad \bar{v}_p = -\dfrac{q\tau_p}{m_p^*}E \equiv \mu_p E$
格子散乱と不純物散乱の影響	$\dfrac{1}{\mu} = \dfrac{1}{\mu_L} + \dfrac{1}{\mu_I}$
導電率	$\sigma = q(n\mu_n + p\mu_p)$
抵抗率	$\rho = \dfrac{1}{\sigma} = \dfrac{1}{q(n\mu_n + p\mu_p)}$
ドリフト電流密度	$J = J_n + J_p = \sigma E$
オームの法則	$V = \dfrac{1}{\sigma}\dfrac{L_0}{S_0}I = \rho\dfrac{L_0}{S_0}I = RI$

演習問題

問1 半導体中の電子の移動度が $1.0\,\mathrm{m^2/(V\cdot s)}$ であるとする.この電子の平均緩和時間を求めなさい.ただし,電子の有効質量は真空中の静止質量の 0.26 倍であるとする.

問2 半導体中の正孔の移動度が $0.5\,\mathrm{m^2/(V\cdot s)}$ であるとする.この正孔の平均緩和時間を求めなさい.ただし,正孔の有効質量は真空中の静止質量の 0.55 倍であるとする.

問3 半導体中の電子密度が $1.0\times 10^{22}\,\mathrm{m^{-3}}$ であるとする.この電子の移動度が $1.0\,\mathrm{m^2/(V\cdot s)}$ であるとき,この半導体の導電率を求めなさい.ただし,この半導体の正孔による電気伝導は無視できるほど小さいとする.

問4 半導体中の電子密度は $2.0\times 10^{22}\,\mathrm{m^{-3}}$,正孔密度は $1.0\times 10^{22}\,\mathrm{m^{-3}}$ であるとする.電子の移動度は $0.9\,\mathrm{m^2/(V\cdot s)}$,正孔の移動度が $0.4\,\mathrm{m^2/(V\cdot s)}$ であるとする.この半導体の導電率を求めなさい.

問5 二つの n 形半導体ウェハ,半導体 A と半導体 B がある.半導体 A は V 族元素の不純物(ドナー)のみを添加し,半導体 B はドナーとともにドナーの半分のIII族元素の不純物(アクセプタ)を添加した.二つの半導体 A と B のキャリヤ密度が等しいとき,どちらの半導体のほうが印加電圧パルスに対してより高速動作が可能か述べなさい.

6章

半導体の電気伝導（2）拡散電流

　前章では，キャリヤ密度が均一な半導体に，電界を加えた場合のドリフト電流について検討した．本章では，キャリヤの不均一分布による拡散電流について考える．また，ドリフトと拡散とキャリヤの生成・消滅などが同時に起きている状態を表す，キャリヤの連続の式について理解する．この連続の式は，ポアソンの方程式や電荷保存則と同様に，半導体中のキャリヤの数値シミュレーションを行うために必要な，重要な基本式の一つである．

1 キャリヤが均一になろうとする拡散による流れ

　一般に，温度や気体分子密度などが不均一分布しているとき，均一になろうとする流れが生じる．この現象は**拡散**とよばれる．温度や気体分子の移動現象など多くの分野でみられる．

〔1〕 定常状態の拡散

　図 6・1 は，電子密度 $n(x)$ が不均一分布しているときの，拡散による流れを模式的に示している．電子の熱速度の大きさを v_{th} とし，平均緩和時間を τ とする．τ 内に進む距離 l を**平均自由行程**とよぶ．$x = x_0$ の場所からそれぞれ平均自由行程 l だけ離れた二つの場所での単位時間当たりの右向きの流速を，それぞれ $F(x_0 - l)$, $F(x_0 + l)$ とする．$x = x_0$ の場所での流速 $F(x_0)$ は

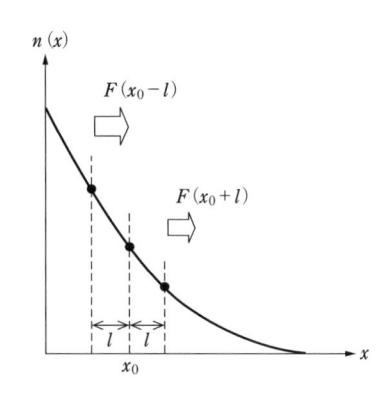

● 図 6・1　不均一分布状態での拡散のようす ●

$$F(x_0) = F(x_0 - l) - F(x_0 + l) \tag{6・1}$$

と表される．右辺第一項は流入を，右辺第二項は流出を表している．ここで，$x = x_0 - l$ の場所において右向きと左向きのそれぞれの方向に電子が移動する確率は等しい．時間が τ 経過すると，$x = x_0 - l$ の領域から $x = x_0$ を右向きに横切る流速は，次の式で表される．

$$F(x_0 - dx) = \frac{1}{2} n(x_0 - l) \frac{l}{\tau} = \frac{1}{2} n(x_0 - l) v_{\text{th}} \tag{6・2}$$

同様に，$(x_0 + dx)$ の場所を右向きに流れる流速を求め式 (6・1) へ代入すると

$$F(x_0) = \frac{1}{2} v_{\text{th}} \{ n(x_0 - l) - n(x_0 + l) \} \tag{6・3}$$

上式を第一近似すると，フィックの第一法則といわれる次の式を得る．

$$\begin{aligned} F(x_0) &= \frac{1}{2} v_{\text{th}} \left\{ \left[n(x_0) - l \frac{dn(x)}{dx} \bigg|_{x=x_0} \right] - \left[n(x_0) + l \frac{dn(x)}{dx} \bigg|_{x=x_0} \right] \right\} \\ &= - v_{\text{th}} l \frac{dn(x)}{dx} \bigg|_{x=x_0} \equiv - D_n \frac{dn(x)}{dx} \bigg|_{x=x_0} \end{aligned} \tag{6・4}$$

ここで上式に負符号がついているのは，図 6・1 に示すように濃度が減少する方向，すなわち微分が負の方向へ拡散が生じるためである．D_n は電子の**拡散定数**とよばれ，電子の拡散しやすさを表す．キャリヤ密度の勾配（微分）が大きいほど拡散による流れが大きい．

拡散により生じる実効的な電荷の移動を，**拡散電流**という．単位断面積当たりの拡散電流密度 $J(x)$ は，単位時間当たりに通過する粒子の数に，粒子1個がもつ電荷量をかければよいので次のように表される．

$$J(x) = Q F(x) = - Q D \frac{dn(x)}{dx} \tag{6・5}$$

電子と正孔の電荷はそれぞれ，$Q = -q$〔C〕と $Q = +q$〔C〕である．電子と正孔の電流密度を，それぞれ J_n, J_p とすると，全体の電流密度は次の式で表される．

$$J = J_n + J_p = q \left\{ D_n \frac{dn(x)}{dx} - D_p \frac{dp(x)}{dx} \right\} \tag{6・6}$$

ここで D_n, D_p は，それぞれ電子と正孔の拡散係数である．この式から，もし電子と正孔が同じ方法へ拡散し移動することがあった場合，実効的な電荷量の変化を互いに打ち消し合うことがわかる．一方，外部電源を接続し，電子と正孔を

互いに反対側から注入した場合には，拡散電流は電子による拡散電流と正孔による拡散電流の和となる．

〔**2**〕 **拡散とドリフト** ■ ■ ■

この拡散現象は，いつまで継続して起きるのかを考えてみる．キャリヤ密度の不均一が原因であるから，キャリヤの拡散によりキャリヤが均一になれば，拡散は明らかに停止する．しかしながら，実際の半導体ではキャリヤを生成させるためにドナーやアクセプタといった不純物元素を添加している．これら不純物元素は，キャリヤを熱エネルギー kT によって放出した後，自分自身はキャリヤとは反対の符号をもったイオンとなり，隣接する Si 原子と共有結合するため移動することはなく，固定電荷として振る舞う．拡散によりキャリヤが移動すると「取り残された」不純物イオンがキャリヤの拡散を妨げる向きの内部電界を生じる．この内部電界によるドリフトとキャリヤの拡散がつり合う状態に達すると，互いの流れを打ち消し合い平衡状態に達する．このつり合いは，電子と正孔について，それぞれ成立する．式 (5・12)，(6・4) から

$$-qn(x)\mu_n E = qD\frac{dn(x)}{dx}$$
$$E = -\frac{D}{\mu_n}\frac{1}{n(x)}\frac{dn(x)}{dx} \tag{6・7}$$

通常，電子密度はフェルミ分布関数で表されるが，$E - E_F > 3kT$ が満たされるときボルツマン分布に近似できる．

$$n(x) = N_C \exp\left(-\frac{E_C - E_F}{kT}\right) \tag{6・8}$$

ここで，N_C は伝導帯の有効状態密度，E_C は伝導帯の下端のエネルギー準位，E_F はフェルミ準位，k はボルツマン定数である．式 (6・8) を微分すると

$$\frac{dn(x)}{dx} = \frac{dn(x)}{d(E_C-E_F)}\frac{d(E_C-E_F)}{dx} = -\frac{1}{kT}n(x)\frac{d(E_C-E_F)}{dx} \tag{6・9}$$

となる．フェルミ準位は熱平衡状態では一定であるので，式 (6・9) の右辺の微分は，電子の位置エネルギー（ポテンシャルエネルギー）の微分を示す．力 $f(x)$ を距離 x について積分したものが位置エネルギーであるから，位置エネルギーの微分は電子に働くクーロン力に等しいので

$$qE = \frac{d(E_C - E_F)}{dx} \tag{6・10}$$

となる．ここで，式（6・7），（6・9），（6・10）から

$$D_n = \mu_n \frac{kT}{q} \tag{6・11}$$

が得られる．こうして**アインシュタインの関係**とよばれる移動度と拡散係数の関係が得られる．正孔についても同様に，次の関係が成り立つ．

$$D_p = \mu_p \frac{kT}{q} \tag{6・12}$$

2 キャリヤの再結合について考えよう

〔1〕 キャリヤの注入

前節までは，キャリヤ密度は位置 x についてのみ変化する場合について検討した．本節では，x については一定で，時間 t についてのみ変化する場合について考える．

不純物や結晶欠陥がない理想的な半導体に，外部から光などのエネルギーを加えていない熱平衡状態では，次の関係を常に満たす．

$$n_0 p_0 = n_i^2 \tag{6・13}$$

ここで，n_i は真性キャリヤ密度であり，電子密度 n_0 と正孔密度 p_0 の添え字の 0（ゼロ）は熱平衡状態でのキャリヤ密度であることを示す．式（6・13）は，不純物を含まない真性半導体以外の場合でも，不純物を添加した n 形半導体，あるいは p 形半導体でも成立する．

伝導帯へ励起された電子は，エネルギーのより低い準位に電子で占有されていないエネルギー準位があると，エネルギーの低いより安定な準位へ遷移する．価電子帯中に正孔がある場合では，伝導帯中の電子は正孔と再結合して消滅する．電子が励起され伝導帯にとどまり，価電子帯の正孔と再結合するまでの時間を，キャリヤの寿命時間（**ライフタイム**）とよぶ．

図 **6・2**（a）は，p 形半導体の熱平衡状態のようすを示している．p 形半導体中では，多数キャリヤは正孔で少数キャリヤは電子である．それぞれの熱平衡状態での密度を p_{p0} と n_{p0} とする．熱平衡状態では，キャリヤが熱エネルギーで励起される速度 G_{th} と再結合する速度 R_0 がちょうどつり合い $G_{th} = R_0$ となり，キャ

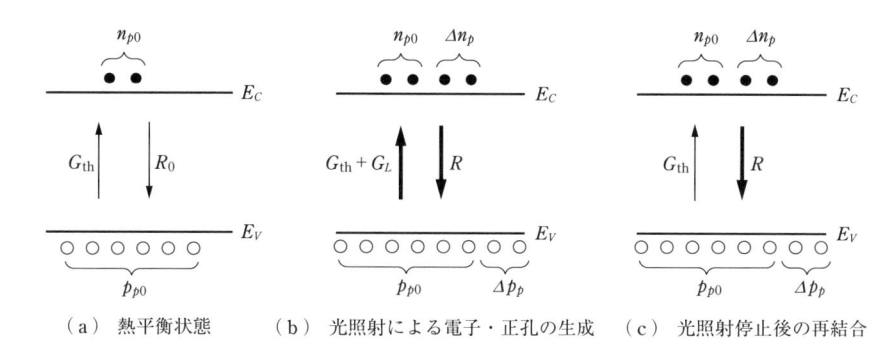

（a）熱平衡状態　　（b）光照射による電子・正孔の生成　　（c）光照射停止後の再結合

● 図 6・2　キャリヤの発生と再結合のようす ●

リヤ密度は一定の値をとり，式 (6・13) を満たす．

図 6・2 (b) は，この半導体に光を照射し続けた際のキャリヤの振舞いを示している（ただし，ここで光は半導体の深さ方向ではほぼ均一にキャリヤを励起していると仮定する）．熱エネルギーによる励起のほかに，光エネルギーにより価電子帯から伝導帯へ電子を励起すると，価電子帯中には正孔が同時に生じる．光によるキャリヤ生成速度を G_L とすると，電子・正孔対の生成速度は，$(G_{th} + G_L)$ となる．再結合速度 R は光照射前に比べ増加し，$G_{th} + G_L = R$ となる．p 形半導体中の正孔密度 p_p と電子密度 n_p は，それぞれ次のように変化する．

$$p_p = p_{p0} + \Delta p \tag{6・14}$$

$$n_p = n_{p0} + \Delta n \tag{6・15}$$

$$\Delta p = \Delta n \tag{6・16}$$

ここで，光により注入されたキャリヤ密度 $\Delta p = \Delta n$ が，光照射前の多数キャリヤ密度 p_{p0} に比べ十分小さいとき，多数キャリヤ密度は，光照射の前後でほとんど変化しないが，少数キャリヤ密度は大きく変化する．式 (6・14)，(6・15) は，次の式に近似できる．

$$p_p \cong p_{p0} \tag{6・17}$$

$$n_p \cong \Delta n \tag{6・18}$$

キャリヤの生成速度は熱エネルギーと光照射の二つによるので増加するが，過剰少数キャリヤの再結合速度も増加し，定常的な光照射状態下では式 (6・17)，(6・18) で表される一定の定常値になる．しかし，非熱平衡状態では，式 (6・13) は満たされない．

〔2〕 キャリヤのライフタイム

図 6·2 (c) は，光照射を中断した後のキャリヤのようすを示す．キャリヤの生成が熱エネルギーによる G_{th} だけになったのに対して，伝導帯中には熱平衡時に比べて多くの過剰少数キャリヤが存在するため再結合速度は熱平衡時の R_0 に比べ大きな値をとる．過剰少数キャリヤ $\Delta n(t) = n_p(t) - n_{p0}$ は次第に減少し，図 6·2 (a) のような熱平衡状態へ戻り，$n_p(\infty) = n_{p0}$ となる．再結合速度 R は，キャリヤのライフタイムが短いほど速く，少数キャリヤが熱平衡状態からのずれ $\Delta n(t)$ が大きいほど，より早くなる．したがって，少数キャリヤ密度の時間微分（変化速度）は，次の式で表される．

$$-R + G_{th} = \frac{dn_p(t)}{dt} = \frac{d}{dt}\{n_p(t) - n_{p0}\} = -\frac{n_p(t) - n_{p0}}{\tau_n} \quad (6 \cdot 19)$$

ここで，負符号がついているのは，過剰少数キャリヤが時間の経過とともに減少し，熱平衡状態へ回復するからである．τ_n は，過剰少数キャリヤの電子のライフタイムである．この値は，半導体素子の電気的特性の多くを左右する重要なパラメータであり，半導体材料の種類や結晶状態などでその値の大きさが影響を受ける．

3 拡散と再結合の関係式の導出

〔1〕 非定常状態でのキャリヤの拡散

本章 1，2 節では，場所 x あるいは時間 t のいずれかに対してのみキャリヤ密度が変化する場合について考えた．本節では，x と t の両方に対してキャリヤ密度が変化する場合について考える．二つの変数に対する微分を考えるので，偏微分を用いる．

p 形半導体中の少数キャリヤについて考える．ある場所における単位時間当たりの少数キャリヤ密度の変化は，次の式で表される．

$$\frac{\partial n_p(x,t)}{\partial t} = \nabla \cdot F - R + G = \frac{1}{q}\frac{J_n(x+dx,t) - J_n(x,t)}{(x+dx) - x} - \frac{n_p(x,t) - n_{p0}}{\tau_n} + G_L$$

$$(6 \cdot 20)$$

ここで，式 (6·20) の右辺の第一項は，図 **6·3** に示すように，単位長さ当たりの $(x+dx)$ の場所に流出してくる電子の流束 F と，x の場所から流入する流束 F の差，すなわちベクトル F の **発散**（divergence）である．この項が正であ

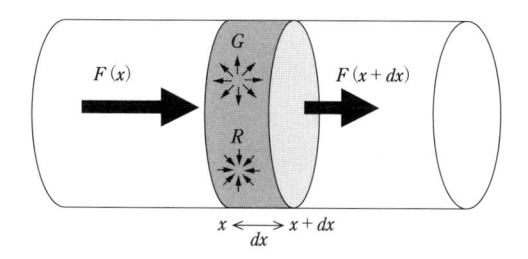

● 図 6・3　二つの境界で囲まれた領域のキャリヤの時間変化のようす ●

れば，実質的には流出しており，もし負であれば流入していることになる．式 (6・20) の右辺第二項は，前節で考えたキャリヤの再結合速度であり，右辺第三項は光エネルギーによるキャリヤの生成速度である．電子の流れは拡散とドリフトにより生じるので，右辺第一項に式 (6・7) の拡散による項と，式 (5・12) のドリフトの項を代入すると，式 (6・20) は

$$\frac{\partial n_p(x,t)}{\partial t} = \frac{1}{q}\frac{\partial J_n(x,t)}{\partial x} - \frac{n_p(x,t)-n_0}{\tau_n} + G_L$$
$$= D_n\frac{\partial^2 n_p(x,t)}{\partial x^2} + \mu_n E\frac{\partial n_p(x,t)}{\partial x} - \frac{n_p(x,t)-n_0}{\tau_n} + G_L \quad (6・21)$$

となる．ただし，電界強度は半導体内で一定であると仮定する．式 (6・21) は**連続の式**とよばれる重要な式で，半導体中のキャリヤの振舞いを表す非常に重要な式である．n 形半導体中の少数キャリヤの正孔についても同様に考えることができる．

〔2〕 拡散と再結合

キャリヤの連続の式を具体的な例について実際に用いて，半導体の中のキャリヤの振舞いを考える際に重要な，拡散長という概念を考える．

半導体中にキャリヤの不均一分布が生じると，キャリヤが拡散する．いま p 形半導体の片側の側面からのみ，光を照射し続けた場合について考える．光は半導体の非常に浅い領域ですべて吸収され，多数キャリヤ密度はそれほど変化しないが，式 (6・17)，(6・18) で示したように少数キャリヤ密度のみ変化しているとする．**図 6・4** (a) は，表面から深さ x に対するキャリヤ密度の変化のようすを示す．表面から十分深い領域では，光照射による少数キャリヤの増加はなく熱平衡状態のキャリヤ密度に等しい．光照射を続けている状態では，図 6・4 (b) に

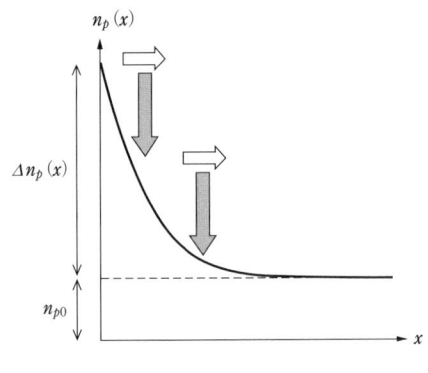

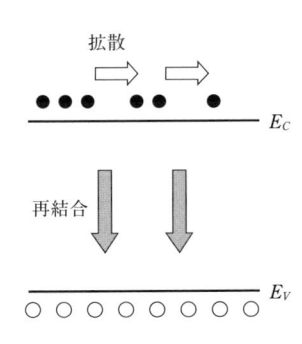

(a) 過剰少数キャリヤの深さ方向分布　　(b) キャリヤの拡散と再結合のようす

● 図6・4　半導体の一端面からのみ光照射をし続けた場合の
少数キャリヤ分布のようす（p形半導体の例）●

示すように，キャリヤが表面から内部へ拡散しながら，同時に多数キャリヤと再結合をする．実際には，この二つの過程が同時に競合しながら生じている．

式（6・21）を用いてこの状態でのキャリヤ分布を求める．いまこの例では，光照射を続け定常状態に達しているとしている．したがって，時間偏微分は0となる．多数キャリヤの密度が変化しないほどのキャリヤのみが光により励起され，外部電源を接続していないので，半導体内部には電界 E は生じていない．光は半導体の表面のみに照射されているので $G_L = 0$ である．したがってキャリヤの連続の式は次のように，位置についてのみの関数で表される．

$$0 = D_n \frac{d^2 n_p(x)}{dx^2} - \frac{n_p(x) - n_0}{\tau_n} \tag{6・22}$$

この微分方程式の解のうちで，$n_p(\infty) = n_{p0}$ を満たすものは

$$n_p(x) = n_{p0} + \{n_p(0) - n_{p0}\} \exp\left(-\frac{x}{L_n}\right) \tag{6・23}$$

である．ここで L_n は

$$L_n = \sqrt{D_n \tau_n} \tag{6・24}$$

を満たす定数で，**拡散距離（拡散長）**といい，半導体素子の電気的特性を表現するときにしばしば用いられる重要なパラメータである．過剰少数キャリヤ密度がその表面での密度に比べて，$1/e$（≒36.8％）になる距離を表す．式（6・24）から拡散距離は，拡散係数と再結合ライフタイムの積の1/2乗に比例することが

わかる．また同様に，n形半導体中の少数キャリヤの正孔は
$$L_p = \sqrt{D_p \tau_p} \tag{6・25}$$
で表される．

まとめ

・キャリヤの振舞いに関する重要な関係として次の式がある．

拡散電流	$J = J_n + J_p = q\left\{D_n \dfrac{dn(x)}{dx} - D_p \dfrac{dp(x)}{dx}\right\}$
アインシュタインの関係	$D_n = \mu_n \dfrac{kT}{q},\ \ D_p = \mu_p \dfrac{kT}{q}$
再結合速度	$\dfrac{dn_p(t)}{dt} = -\dfrac{n_p(t) - n_{p0}}{\tau_n}$
連続の式	$\dfrac{\partial n_p(x,t)}{\partial t} = D_n \dfrac{\partial^2 n_p(x,t)}{\partial x^2} + \mu_n E \dfrac{\partial n_p(x,t)}{\partial x} - \dfrac{n_p(x,t) - n_0}{\tau_n} + G_L$
拡散距離	$L_n = \sqrt{D_n \tau_n},\ \ L_p = \sqrt{D_p \tau_p}$

演習問題

問1 5章の演習問題問1の半導体の平均自由行程を求めなさい．

問2 $E - E_F > 3kT$ が満たされるとき，フェルミ分布関数がボルツマン分布で近似できることを示しなさい．

問3 式 (6・21) において，電界が一定でない場合の連続の式を求めなさい．

7章

pn接合の電流-電圧特性

　半導体のp形とn形の違いはそれらを組み合わせたときにはっきり現れる．本章では，最も単純なp形とn形の組合せであるpn接合について学ぶ．一つのpn接合から構成される電子素子がダイオードであり，8章で学ぶトランジスタは二つのpn接合から成っている．本章では，まずpn接合のエネルギーバンド図のようすを理解し，次いで接合を流れる電流を電圧の関数として導いてpn接合が片方の極性の電圧でのみ電流が流れる性質，すなわち整流性をもつことを示す．

1　pn接合のエネルギーバンドはどうなっているか

　p形半導体とn形半導体を密着させたら何が起きるかを考えよう．n形半導体には伝導電子が多数あり，p形半導体にはほとんどない．つまりp形とn形の境界を挟んで大きな密度差が存在する．電子は動けるから，その密度差をならすようにn形からp形へ拡散して移動する．p形側に入った電子はそこの多数キャリヤである正孔と再結合して消滅する．一方，p形半導体には正孔が多数あり，n形側にはほとんどないから，正孔はp形からn形へ拡散し，電子と再結合して消滅する．

　このようにキャリヤが動くと，**図7・1**に示すように**空間電荷**が生ずる．n領域では，もともとマイナスの電荷をもつ伝導電子とプラスの電荷をもつドナーイオンとが同数存在し，差し引き電荷は0，つまり中性であった．そこから拡散により電子がp領域に流れ去ってしまえば，あとには流れ去った電子の分だけドナーイオンが残される．こうしてプラスの電荷が存在するようになる．p領域では同様にアクセプタイオンが取り残され，マイナスの電荷が残る．したがって，n領域にプラス，p領域にマイナスの空間電荷が生ずる．空間電荷が存在する領域を**空間電荷層**または**空乏層**とよび，その幅をwとする（空間電荷層と空乏層の定義は異なるが，ここでは区別をしなくてよい．空乏層の正確な定義は8章において与える）．接合面から離れると，接合の影響がなくなってキャリヤ密度は熱平衡の値になり，空間電荷はなくなる．その領域を**中性領域**とよぶ．

1 pn接合のエネルギーバンドはどうなっているか

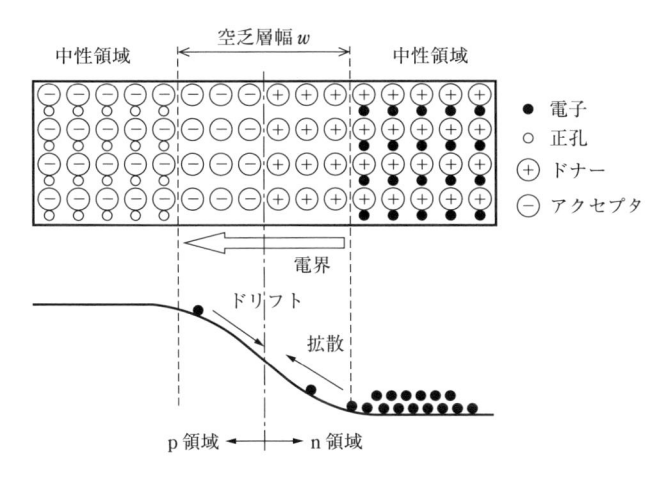

● 図7・1　pn接合でのキャリヤと不純物イオン ●

電荷が生じると電界ができる．電界の向きは正電荷から負電荷，つまりn形側からp形側である．この電界により，電子はn形側に，正孔はp形側に向かって動かされる．つまり電界によるドリフトの向きは拡散の向きとは逆で，電界は拡散を押しとどめる働きをもつ．多くのキャリヤが拡散で流出すればするほど，多くの空間電荷が生まれ，より強い電界がつくられ，拡散を打ち消すドリフトの流れが大きくなる．こうしてどこかでドリフトと拡散による流れの間につり合いが生まれ，電子も正孔も，拡散とドリフトを合わせた正味の流れが0になる．これが熱平衡状態での**pn接合**である．

以上の考察より，pn接合のエネルギーバンド図は**図7・2**のようになる．熱平衡状態ではフェルミ準位は一定である．接合から遠く離れたところでは接合の影響が無視でき，フェルミ準位の位置（フェルミ準位と伝導帯，価電子帯の位置関係）はp形，n形それぞれの半導体が単独で存在しているときと変わりはない．pn接合の近くでは電界によりエネルギーバンドが曲がっている．エネルギーバンドは負の電荷をもつ電子のエネルギーを表すものであり，伝導帯の底は伝導電子の位置エネルギーに対応する．したがって，エネルギーバンドの勾配は静電ポテンシャルの勾配と符号が逆である．また図7・2には真空準位も描いてある．接合付近では真空準位はエネルギーバンドと同じように曲がる．

平衡状態ではフェルミ準位が一定であるから，**図7・3**からわかるようにp領域とn領域の静電ポテンシャルの差 ϕ_d，あるいはエネルギーバンドの曲がりの総量

7章　pn接合の電流-電圧特性

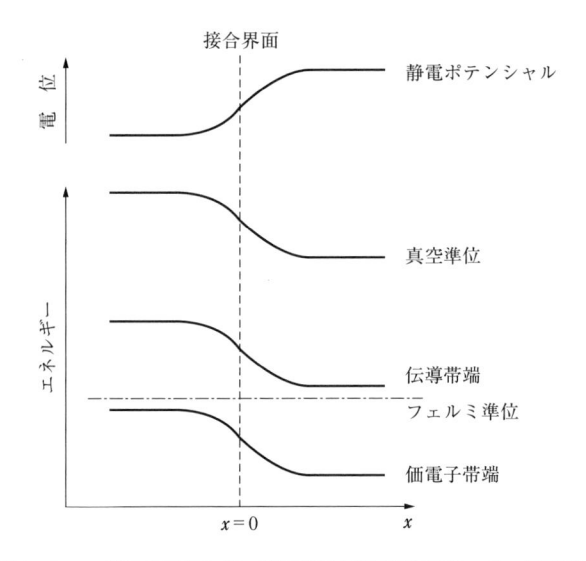

● 図7・2　pn接合のエネルギーバンド図と静電ポテンシャル，真空準位 ●

(a)　$V_a = 0$（ゼロバイアス）

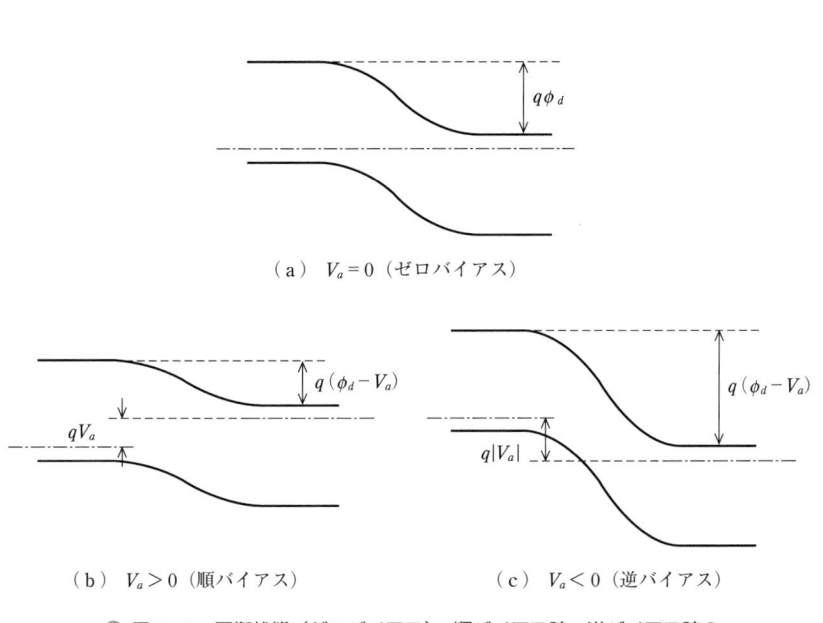

(b)　$V_a > 0$（順バイアス）

(c)　$V_a < 0$（逆バイアス）

● 図7・3　平衡状態（ゼロバイアス），順バイアス時，逆バイアス時の
pn接合のエネルギーバンド図 ●

$q\phi_d$ は，次の式により与えられる．

$$q\phi_d = \{\text{p 領域での } (E_C - E_F)\} - \{\text{n 領域での } (E_C - E_F)\}$$
$$= \{\text{n 領域での } (E_F - E_V)\} - \{\text{p 領域での } (E_F - E_V)\} \qquad (7\cdot1)$$

この p 領域と n 領域のポテンシャル差 ϕ_d を**拡散電位**あるいは**内部電位**とよぶ（ここでは，記号 ϕ はポテンシャル，E はエネルギーを表していることに注意しよう．ϕ に q をかけた量がエネルギーになる）．

電圧が加わっているときは，図 7·3 に示すように p 形側と n 形側のフェルミ準位に差が生じ，印加電圧分だけ p 領域と n 領域のポテンシャル差は増減する（正確には，電圧がかかっている場合のフェルミ準位は**擬フェルミ準位**とよぶ）．いま，印加電圧を V_a とし，p 形側にプラス，n 形側にマイナスの極性となる向きを正の印加電圧とすると，ポテンシャル差は $(\phi_d - V_a)$ となる．図 7·3 からも明らかなように，$V_a > 0$ のときは両側のポテンシャル差が小さくなる（n 形側ではマイナスの電圧がかかり，エネルギーバンドはもち上がる）．この電圧のかけ方を順バイアスといい，次節で見るように電流が pn 接合を横切って流れる．逆に $V_a < 0$ のときは pn 間のポテンシャル差が増す．これが逆バイアスのかかった状態で，きわめて小さな電流しか流れない．

❷ pn 接合の電流-電圧特性を導こう

〔1〕 **pn 接合を横切るキャリヤの動き**

pn 接合に順バイアスをかけると，接合の両側のポテンシャル差が減少する．平衡状態では，拡散による流れを静電的なポテンシャル差による流れ（つまり電界によるドリフトの流れ）がちょうど打ち消していたが，そのポテンシャル差が減少するため，ドリフトによる流れは拡散による流れに比べ小さくなり，正味のキャリヤの流れが生ずる．その向きは拡散の向きであるから，伝導電子は n 領域から p 領域へ，正孔は p 領域から n 領域へ流れ，**図 7·4** に示すように，それぞれ流れ込んだ領域の多数キャリヤと再結合する．このキャリヤの移動・再結合の結果，それぞれの領域の多数キャリヤが失われるが，電荷の中性を保つため，その分が外部回路から補給される．n 形側の中性領域では

① n 領域から p 領域に流出した電子
② p 領域から n 領域に流入してきた正孔と再結合して消滅した電子

の分だけ，外部回路から伝導帯に電子が補給される．同様に，p 形側の中性領域

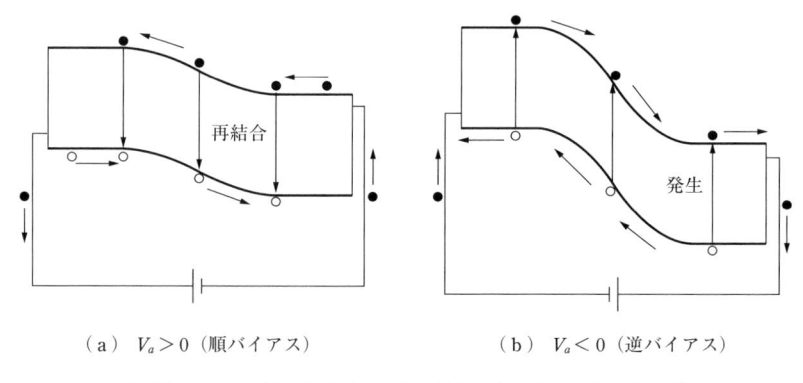

(a) $V_a > 0$ （順バイアス）   (b) $V_a < 0$ （逆バイアス）

● 図7・4　pn接合にバイアスをかけたときのキャリヤの動き ●

にはそれと同数の正孔，つまり

① n領域からp領域に流入してきた電子と再結合して消滅した正孔
② p領域からn領域に流出した正孔

の分が外部回路から流れ込む．「正孔が外部回路から流れ込む」とは，言い換えれば，外部回路に価電子帯から電子が流出することである．したがって，外部回路をn形側からp形側に電流が（p形側からn形側に電子が）流れる．このような機構で生じる電流を**拡散電流**とよぶ．

また，p形側の中性領域に向かう電子のうち，あるものは中性領域に達する前に空乏層中において反対側から流れてくる正孔と再結合する．このような空乏層中での再結合も拡散電流と同じ向きの電流を生む．この電流成分を**再結合電流**とよぶ．拡散電流も再結合を伴うが，その再結合は中性領域で起こる．それに対し再結合電流の再結合は空乏層の中で起こる．これら二つの成分を合わせた電流全体を**順方向電流**とよぶ．

逆バイアスをかけた場合は，ポテンシャル差が増加するので，順方向の場合のように拡散によって多くのキャリヤが移動することはない．しかし，今度は逆に電界の効果が勝り，順バイアス時とは逆の方向に小さな電流が流れる．電子は図7・4に示すように，p領域からn領域に流れる．この電子はp領域で発生し，拡散によって空乏層の端に到達し，そこの電界に引かれn領域に入る．こうして過剰になった電子の分だけn領域から外部回路に電子が流れ出る．同様にp領域には正孔がn形側から流入し，外部回路に流出する（つまり，外部回路から電子が価電子帯に流入する）．また，空乏層中で電子，正孔が発生した場合も，電界に

よって直ちに電子は n 形側中性領域，正孔は p 形側中性領域へと押し出され，同様の電流成分を生む．したがって，逆バイアス時には，外部回路を p 形側から n 形側に電流が（n 形側から p 形側に電子が）流れる．順方向電流が電子・正孔の再結合を伴っているのに対し，逆方向電流は電子・正孔対の発生により生じる．そして順方向の場合と同じように，発生が起こる場所によって二つの成分に分ける．中性領域でキャリヤが発生し，拡散によって空乏層に到達して逆方向電流となる成分を**拡散電流**，空乏層内で発生したキャリヤによる成分を**発生（生成）電流**とよぶ．この逆方向電流は順方向電流に比べはるかに小さい．つまり pn 接合は片方の極性のみ電流を流す整流の働きがある．

〔2〕 拡散電流

拡散電流の大きさを求めるためには，p 形，n 形両側の中性領域での少数キャリヤ密度分布を求め，拡散による流れを計算する必要がある．以下ではまず n 領域を考える．過剰な少数キャリヤ（正孔）の密度が多数キャリヤ密度に比べ小さいとき，正孔に対する連続の式は

$$\frac{\partial \delta p}{\partial t} = -\frac{\delta p}{\tau_p} + D_p \frac{\partial^2 \delta p}{\partial x^2} \qquad (7\cdot 2)$$

ここで，δp は過剰正孔密度である．中性領域では少数キャリヤはもっぱら拡散によって移動する．定常状態（$\partial \delta p / \partial t = 0$）では，この方程式の一般解は

$$\delta p = C_1 \exp\left(-\frac{x}{L_p}\right) + C_2 \exp\left(\frac{x}{L_p}\right) \qquad (7\cdot 3)$$

と表される．ここで，x の原点を空乏層の n 形側の端にとっている（**図 7・5** 参照．pn 接合界面ではないことに注意）．L_p は正孔の拡散長で，$L_p = \sqrt{D_p \tau_p}$ で定義され，n 形側の中性領域に注入された正孔が拡散で移動する平均距離と考えてよい．

式 (7・3) の中の係数 C_1，C_2 は境界条件により決定される．まず pn 接合から十分に離れた地点においてキャリヤ密度は熱平衡の値になる，つまり $x \to \infty$ で $\delta p \to 0$ であることから，$C_2 = 0$ である．

C_1 を求めるには $x = 0$ での δp の値を知る必要がある．これを厳密に求めることは難しいが，以下の考察により近似的に得ることができる．

まず基準になる熱平衡状態を考えよう．正孔密度は $p = N_V \exp\{(E_V - E_F)/kT\}$ であることを思い出せば，内部電位の定義式 (7・1) より

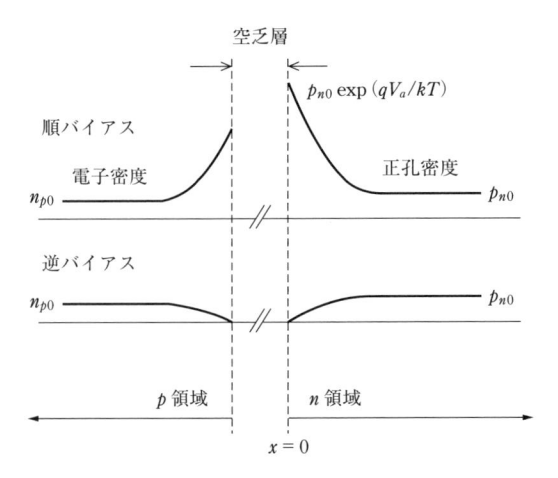

● 図 7・5　中性領域での少数キャリヤ密度の変化のようす ●

$$\frac{p_{n0}}{p_{p0}} = \exp\left(-\frac{q\phi_d}{kT}\right) \tag{7・4}$$

である．ここで，p の添え字の p，n は領域を表し，0 は熱平衡の値であることを表す．この式からわかるように，二つの領域の正孔密度の比はポテンシャル差の指数関数で与えられる．順バイアス $V_a > 0$ が印加され，ポテンシャル差が減少すると，p 形側に存在する正孔のうち pn 接合部のポテンシャル差を乗り越えるものの割合が増加する（その結果，正孔が n 形側に注入される）．このとき，n 形側の正孔密度は，密度の比がポテンシャル差の指数関数で与えられることから

$$\frac{p_n(0)}{p_{p0}} = \exp\left\{-\frac{q(\phi_d - V_a)}{kT}\right\} \tag{7・5}$$

で与えられると考えてよいだろう．ここで，$p_n(0)$ は $x = 0$，つまり空乏層の n 形側の端の正孔密度である．以上より，$x = 0$ での δp は

$$\delta p(0) = p_n(0) - p_{n0} = p_{p0}\exp\left(-\frac{q\phi_d}{kT}\right)\left\{\exp\left(\frac{qV_a}{kT}\right) - 1\right\}$$

$$= p_{n0}\left\{\exp\left(\frac{qV_a}{kT}\right) - 1\right\} \tag{7・6}$$

となり，また $\delta p(0) = C_1$ であるから，最終的に δp は次式で与えられる．

$$\delta p(x) = p_{n0}\left\{\exp\left(\frac{qV_a}{kT}\right) - 1\right\}\exp\left(-\frac{x}{L_p}\right) \tag{7・7}$$

式 (7·7) で与えられるキャリヤ分布を図 7·5 に示す.

n 形側の中性領域に流入してくる正孔の総数は, $x=0$ での正孔の拡散による流れで与えられる. したがって, それによる単位面積当たりの電流 J_p は

$$J_p = -qD_p \frac{d\delta p}{dx}\bigg|_{x=0} = \frac{qD_p}{L_p}\delta p(0) = \frac{qD_p}{L_p}p_{n0}\left\{\exp\left(\frac{qV_a}{kT}\right)-1\right\} \quad (7\cdot 8)$$

である. p 形側の中性領域に流入する電子による電流 J_n もこれとまったく同じようにして求めることができる. 拡散電流密度 J_d はこの二つの成分の和であるから, 次式で与えられる.

$$J_d = J_p + J_n = J_{d0}\left\{\exp\left(\frac{qV_a}{kT}\right)-1\right\} \quad (7\cdot 9)$$

$$J_{d0} = q\left(\frac{D_n}{L_n}n_{p0} + \frac{D_p}{L_p}p_{n0}\right) \quad (7\cdot 10)$$

ここで, n_{p0} は p 形側の中性領域での平衡電子密度である.

逆バイアスの場合も, V_a が負になるだけで, 式 (7·6)〜(7·8) はそのまま成立する. したがって, 順, 逆いずれの電流も式 (7·9) によって表すことができる. 逆バイアス時において, $|qV_a| \gg kT$ であるなら, 空乏層中の電界が熱平衡時より強まるため空乏層端の少数キャリヤは電界によって掃き出されて 0 になる. たとえば, n 形側では, 式 (7·6) からわかるように $x=0$ での p は 0 (δp は $-p_{n0}$) となり, $|V_a|$ が増加してもそれ以上変化しない. そして電流密度は一定値 ($-J_{d0}$) になる. このため J_{d0} を**逆方向飽和電流密度**とよぶ.

pn いずれの中性領域においても不純物が完全にイオン化しているとみなせる場合には, $p_{n0} = n_i^2/N_d$, $n_{p0} = n_i^2/N_a$ であるから, J_{d0} は n_i^2 に比例する. 4 章の式 (4·11) より n_i^2 は $\exp(-E_g/kT)$ に比例する. よって, D および L の温度依存性を無視すれば, J_{d0} は $\exp(-E_g/kT)$ に比例する.

〔3〕 **欠陥準位を介した再結合・生成率**

次に空乏層中での電子・正孔対の再結合・発生による電流を求めよう. そのために, まず空乏層中にも適用できる一般的な再結合・発生率の式を導く. 半導体中の再結合と発生はそのほとんどが欠陥準位を介して起こる. 一般に欠陥準位においては**図 7·6** に示すように①電子の捕獲, ②電子の放出, ③正孔の捕獲, ④正孔の放出の四つの現象が生じる. 熱平衡状態では①と②, ③と④は発生率が等しく, 差し引きすれば正味のキャリヤの捕獲放出率は 0 である.

7章 pn接合の電流-電圧特性

```
①電子の捕獲            ②電子の放出
$nv_{th}\sigma N_t(1-f)$      $e_n N_t f$
                                           欠陥準位
③正孔の捕獲            ④正孔の放出
$pv_{th}\sigma N_t f$         $e_p N_t(1-f)$
```

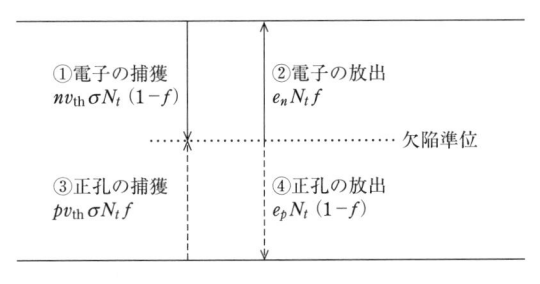

● 図7・6 欠陥準位を介して起こる電子・正孔の捕獲放出過程 ●

まず $n, p \gg n_i$ のときに生じる再結合率を導こう．キャリヤが増えたのであるから，四つの現象のうち捕獲過程①，③が支配的になる．単位体積・単位時間当たりに電子が欠陥準位に捕獲される率 r_1 は $r_1 = nv_{th}\sigma N_t(1-f)$ で与えられる．ここで，v_{th} は電子の熱速度，σ は捕獲断面積，N_t は欠陥密度，f は欠陥準位の電子による占有確率である．σ は欠陥の物理的な大きさと考えることができ，速さ v_{th} で動き回っている電子が σ の大きさの的に衝突すると捕獲される，と考えればよい．$N_t(1-f)$ は電子に占有されていない（つまり電子を捕獲することのできる）欠陥準位の密度である．f は，熱平衡状態ではフェルミ・ディラック分布関数で与えられるが，非平衡状態ではそれとは値が異なる．同様に正孔の捕獲率は $r_3 = pv_{th}\sigma N_t f$ で与えられる．以下では簡単化のため，正孔の v_{th}，σ は電子のそれと等しいと仮定する．

$n, p \gg n_i$ で再結合が定常的に生じている状態では，欠陥は電子と正孔を交互に捕獲する．よって $r_1 = r_3$ である．これより，$f = n/(n+p)$ となり，電子，正孔の捕獲率，すなわち再結合の率 $U_r (= r_1 = r_3)$ は以下の式で与えられる．

$$U_r = v_{th}\sigma N_t \frac{np}{n+p} = \frac{1}{\tau_r}\frac{np}{n+p} \tag{7・11}$$

ここで，$\tau_r = (N_t \sigma v_{th})^{-1}$ であり，時間の次元をもつ．この式に，たとえばn形半導体での低レベル注入の条件（$n = n_0 + \Delta p$, $p = p_0 + \Delta p$, $n_0 \gg \Delta p \gg p_0$）を代入すれば $U_r \cong \Delta p/\tau_r$ となり，τ_r がキャリヤの寿命に対応していることがわかる．

次に $n, p \ll n_i$ のときの電子・正孔対の発生率を求めよう．このときは，欠陥準位を介して生じる四つの現象のうち放出過程である②と④だけを考えればよい．電子に占有された一つの欠陥から単位時間に電子が放出される確率を e_n とすると，電子に占有された欠陥の密度は $N_t f$ であるので，電子放出率は $r_2 = e_n N_t f$ で

ある．同様に正孔を放出する確率を e_p として正孔放出率は $r_4 = e_p N_t (1-f)$ である．

いま，e_n, e_p を求めるために，半導体が真性半導体でありかつ熱平衡にある場合を想定する．また「欠陥準位は真性フェルミ準位と等しい」と仮定する．このとき $f = 1/2$ であり，平衡状態で $r_1 = r_2$ であることより $v_{th} \sigma n_i N_t / 2 = e_n N_t / 2$ である．よって $e_n = v_{th} \sigma n_i$ である．e_p も同様の式で与えられるが，ここでは電子，正孔の v_{th}, σ は等しいとしているので，$e_p = e_n = v_{th} \sigma n_i$ である．

$n, p \ll n_i$ の定常状態では，欠陥は電子と正孔を交互に放出する．よって $r_2 = r_4$，すなわち $e_n N_t f = e_p N_t (1-f)$ であり，これより $f = e_p / (e_n + e_p)$ であるが，上記の仮定の下では $f = 1/2$ である．したがって，この条件下での発生率 U_g $(= r_2 = r_4)$ は次の式で与えられる．

$$U_g = \frac{e_n e_p}{e_n + e_p} N_t = \frac{e_n N_t}{2} = \frac{v_{th} \sigma n_i N_t}{2} = \frac{n_i}{2\tau_r} \tag{7・12}$$

欠陥準位が真性フェルミ準位からずれるにつれ，e_n または e_p が小さくなり U_g はこの値から減少する．

〔4〕再結合・発生電流

順バイアス時の空乏層には n 形側から電子が，p 形側から正孔が注入されるので，$n, p \gg n_i$ と考えてよい．このとき，欠陥準位を介して生じる再結合率 U_r は近似的に式 (7・11) で与えられる．式 (7・11) で再結合率を計算するためには p, n の値が必要であり，また空乏層中ではそれらは場所によって変化する．したがって一般に再結合の総数を厳密に計算するのは困難である．そこでさらにいくつかの仮定をおいて近似的な電流値を見積もる．

まず式の分子にある積 pn の値を考えよう．すでに述べたように，印加電圧 V_a の下では，空乏層の n 形側の端で正孔密度は熱平衡の値 p_{n0} から $p(0) = p_{n0} \exp(qV_a/kT)$ に増加する．電荷中性の条件を満たすため電子も同じ数だけ増加するが，電子は多数キャリヤで熱平衡密度が大きいため，増加の比率は無視できるほど小さい．つまり電子密度は n_{n0} としてよい．よって，空乏層の端では積 pn は $p_{n0} n_{n0} \exp(qV_a/kT) = n_i^2 \exp(qV_a/kT)$ となり，熱平衡時の $\exp(qV_a/kT)$ 倍に増加する．空乏層の p 形側の端でも同様に電子密度は $\exp(qV_a/kT)$ 倍に増加し，それによって積 pn も同じ割合で増加して $n_i^2 \exp(qV_a/kT)$ になる．つまり空乏層両端で $pn = n_i^2 \exp(qV_a/kT)$ である．これより，積 pn は空乏層全体に

わたって $n_i^2 \exp(qV_a/kT)$ になると考えてよいだろう．

次に式（7・11）の分母の値を見積もろう．U_r が最大になるのは分母 $(p+n)$ が最小になるときである．上で述べたように積 pn は空乏層中で一定であると考えると，$p = n = n_i \exp(qV_a/2kT)$ のときに $(p+n)$ は最小，U_r は最大となる．そのときの U_r の値，$U_{\max}$ は以下の式で与えられる．

$$U_{\max} = \frac{1}{\tau_r} \frac{n_i^2 \exp(qV_a/kT)}{2n_i \exp(qV_a/2kT)} = \frac{n_i}{2\tau_r} \exp\left(\frac{qV_a}{2kT}\right) \tag{7・13}$$

$p = n$ が成り立つ地点から離れるにつれ，p または n が指数関数的に増大するため，U_r は指数関数的に減少する．そこで空乏層中で起こる単位面積当たりの再結合の総数を近似的に $U_{\max} w_i$ としてよい．ここで，w_i は $U_r \cong U_{\max}$ とみなせる範囲の幅である（w_i は，近似的にはバンド端の位置が kT 変化する距離，すなわち kT/qE_0 程度の値である．ここで E_0 は pn 接合界面での電界強度で，8 章の式（8・17）で与えられる）．

1 回の再結合は電子と正孔一つずつを消費し，外部回路を q の電荷が移動する．したがって，単位面積当たりの再結合電流は次式で与えられる．

$$J_r = qw_i U_{\max} = \frac{qw_i n_i}{2\tau_r} \exp\left(\frac{qV_a}{2kT}\right) \tag{7・14}$$

拡散電流が式（7・9）に示すように $\exp(qV_a/kT)$ という電圧依存性であるのに対し，再結合電流の電圧依存性は $\exp(qV_a/2kT)$ である．

以上で順方向電流である再結合電流の式が導かれた．次に逆方向電流である発生電流の式を導こう．逆バイアス時において，$|qV_a| \gg kT$ であるなら，強まった電界によって電子は n 形側の中性領域へ，正孔は p 形側へ掃き出されるため，空乏層中では $n, p \ll n_i$ としてよい．このとき，欠陥準位が真性フェルミ準位の位置に存在すると仮定すると，空乏層中での発生率 U_g は式（7・12）で与えられ，これより発生電流密度は次式で与えられる．

$$J_g = qwU_g = \frac{qwn_i}{2\tau_r} \tag{7・15}$$

ここで，w は空乏層の幅であり，8 章で導出するように $\sqrt{\phi_d - V_a}$ に比例する．

一般に pn 接合を流れる電流はこれまでに導いた二つの電流成分，拡散電流と発生再結合電流を足し合わせたものである．式（7・14）からわかるように再結合電流は n_i に比例し，一方の拡散電流は n_i^2 に比例する．電流を対数軸にとって

3 pn接合の降伏現象とは何か

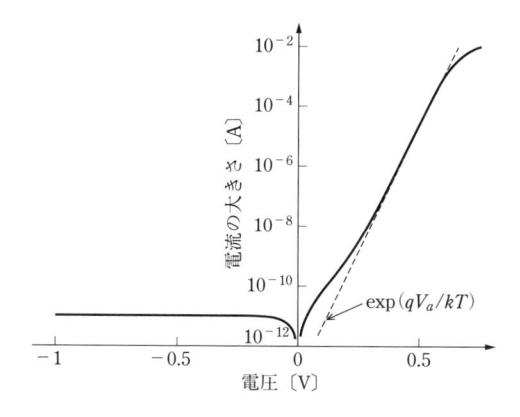

● 図7・7　pn接合の電流-電圧特性の一例 ●

順方向電流-電圧特性を片対数プロットすると，拡散電流が支配的なときは傾きが q/kT，再結合電流が支配的なときは傾きが $q/2kT$ になる．どちらの電流成分が支配的になるかは材料のバンドギャップによって左右される．また一つのpn接合においても，印加電圧の大きさおよび温度によって支配的な電流成分が変わる場合がある．**図7・7** にpn接合の電流-電圧特性の一例を示す．この例では，0.3 V以上の電圧では拡散電流が支配的だが，それ以下の電圧では再結合電流が拡散電流と同程度またはそれ以上である．なお，0.6 V以上の大きな電圧で電流の増加が緩やかになるのは素子および回路の直列抵抗の影響である．

③ pn接合の降伏現象とは何か

図7・8 に例を示すように，逆方向電圧を増加させていくと，ある値で急に大きな電流が流れ始める．この現象を接合降伏とよぶ．この降伏現象の機構には，なだれ降伏とツェナー降伏の二つがある．

図7・9 (a) になだれ降伏での電流増倍機構を模式的に示す．通常の逆方向電流では，中性領域または空乏層で発生した少数キャリヤが空乏層中の電界で加速され移動する．このとき，空乏層中の電界が十分大きいと，図7・9 (a) に示すように伝導電子は空乏層中で大きな運動エネルギーをもち，散乱を受けた際にそのエネルギーを価電子帯中の電子に与えて伝導帯に励起，新たな電子・正孔対をつくることができる．これを**衝突イオン化**という．同様に正孔も加速，散乱を経て新たな電子・正孔対をつくることができる．衝突イオン化で生成した電子，正孔

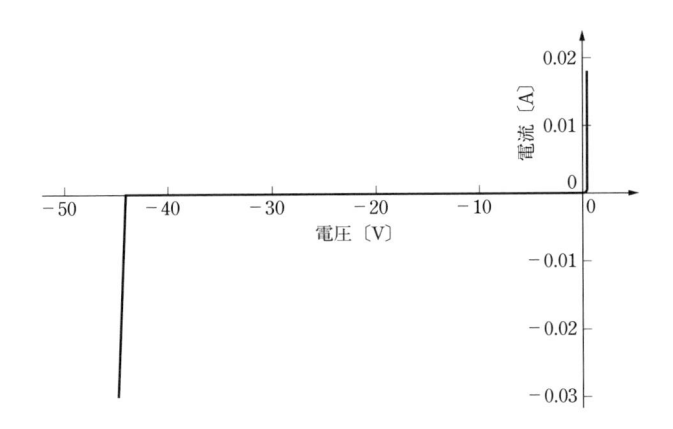

● 図 7・8　pn 接合の降伏現象 ●

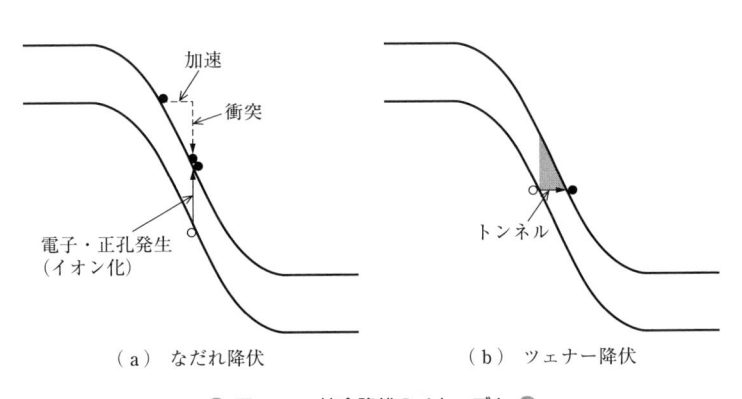

(a) なだれ降伏　　(b) ツェナー降伏

● 図 7・9　接合降伏のメカニズム ●

がまた同様に加速され，さらに新たな電子，正孔をつくる．このプロセスが繰り返されると，電子・正孔の数がねずみ算式に増倍され，大きな逆方向電流が生まれる．そのようすが，坂の上から転がり落ちた小さな雪の球が途中で周りの雪を巻き込んで大きななだれを発生させるようすに似ていることから，**なだれ降伏**という名前がつけられた．キャリヤが単位長さ当たりに衝突イオン化を起こす確率を α_i とすると，空乏層中での α_i の積分値 $\int \alpha_i dx$ が 1 に達したときになだれ降伏が生じる．

もう一つの降伏の機構である**ツェナー降伏**を図 7・9 (b) に示す（ツェナーは発見者の名前である）．電界が十分強いと，同図に示すように電子が価電子帯から伝導帯へ量子力学的トンネル現象で移動する．それによって電子・正孔が多数生

成され，大きな電流が流れる．図 7·9 (b) 中の影をつけた三角形は，このトンネルの過程での電子にとってのポテンシャル障壁である．電界が大きくなるほど三角形の底辺が短くなり，トンネルで抜けるべき距離が短くなって確率が増える．

　ツェナー降伏は空乏層中の最大電界があるしきい値を超えたときに発生する．よって，なだれ降伏の条件 $\int \alpha_i dx = 1$ が満たされるときの電界がその値より小さければなだれ降伏が先に起き，大きければツェナー降伏が起きる．たとえば，シリコンでは，不純物密度の低い側の密度が約 $2 \times 10^{17}\,\mathrm{cm}^{-3}$ より低いとなだれ降伏が起き，それより高いとツェナー降伏が起きやすい．またいずれの降伏現象も，バンドギャップが大きくなるにつれ起きにくくなる．なだれ降伏では，電子・正孔対生成に要するエネルギーが増し，より大きな加速（より大きな電界）が必要になる．またツェナー降伏ではトンネルにおける障壁の高さが増し確率が減る．よって，不純物密度が同じなら，バンドギャップの大きな材料ほど降伏の電圧は大きい．

7章 pn接合の電流-電圧特性

まとめ

○ pn接合のバンド図をもとに，接合界面付近の電荷分布や電位を定性的に理解した．pn接合界面には空乏層あるいは空間電荷層とよばれる領域ができる．そこではキャリヤが少なくなり，ドナーおよびアクセプタの電荷による空間電荷が発生し，n形側からp形側に向かう電界ができる．平衡状態では，この電界によるドリフトの動きと密度差による拡散の動きが打ち消し合う．

○ pn接合に電圧をかけたときのキャリヤの振舞いを調べ，電流-電圧特性の式を導いた．n形が負，p形が正の極性の電圧（順バイアス）をかけると，電子はn形側からp形側へ向かって注入され，p形側の中性領域か，または空乏層中で正孔と再結合する．正孔は逆にp形側からn形側に向かって注入され，電子と再結合する．逆の極性の電圧（逆バイアス）を印加したときは，pn間の障壁が大きくなり，キャリヤの発生による小さな電流が流れる．キャリヤの再結合・発生が中性領域で起こるとき，それによる電流成分を拡散電流とよぶ．再結合・発生が空乏層中で起こるときの電流を再結合・発生電流とよぶ．

○ 逆方向の電圧を大きくしていくと，ある電圧で突然大きな電流が流れ始める．これは接合降伏とよばれる現象で，空乏層中での衝突イオン化による電子・正孔対の発生，またはバンドギャップを突き抜けるトンネル現象によって生じる．

演習問題

問1 次のpn接合の拡散電流成分を計算せよ．
$n_i^2 = 10^{20}\,\text{cm}^{-6}$，ドナー密度 $10^{17}\,\text{cm}^{-3}$，アクセプタ密度 $10^{16}\,\text{cm}^{-3}$，電子，正孔とも拡散係数 $10\,\text{cm}^2/\text{s}$，電子，正孔ともキャリヤ寿命 $1\,\mu\text{s}$．

問2 pn接合の順方向電流成分は，バンドギャップが大きいほど，また印加電圧が小さいほど，拡散電流に比して再結合電流の成分が支配的になることを示せ．また，欠陥準位密度が減少しキャリヤ寿命が長くなるとどちらの電流成分の比率が増える傾向にあるか予測せよ．

問3 温度が高くなると，なだれ降伏が発生する電圧は増加し，ツェナー降伏が起きる電圧は小さくなることが多い．その理由を考察せよ．

8章

pn接合の接合容量とバイポーラトランジスタ

　7章ではpn接合のバンド図の概略を学んだ．この章では，電磁気学に基づき接合部分の電界，電位を計算する．次に，pn接合がコンデンサの性質をもつことを理解し，簡単な考察から電気容量の式を導く．章の後半では増幅素子であるバイポーラトランジスタの動作原理を学ぶ．トランジスタはpnpまたはnpnという三つの領域，二つのpn接合から構成されている．pn接合の特性を踏まえ，近似的な計算によって電流増幅率を求める．

1 pn接合における電位・電界の式を導き接合容量を求めよう

〔1〕 pn接合の電位・電界

　pn接合での空間電荷の分布からポテンシャルの変化を求めよう．p領域のアクセプタ密度をN_a，n領域のドナー密度をN_d，電荷素量をqとすると，空間電荷密度ρは次式で表される．

$$\begin{aligned}\rho &= q(p-n-N_a) \quad (x<0)\\ \rho &= q(p-n+N_d) \quad (x>0)\end{aligned} \quad (8\cdot1)$$

ここでは，図8・1に示すようにx座標をとる．一般に，N_a，N_dはxの関数である．静電ポテンシャルϕと空間電荷密度ρは以下の関係をもつ．

$$\frac{d^2\phi}{dx^2} = -\frac{\rho}{\varepsilon} \quad (8\cdot2)$$

ここで，εは半導体の誘電率である．

　これらの式を厳密に解くのは困難である．式(8・1)に現れるキャリヤ密度p，nは，熱平衡状態においては，フェルミ・ディラック統計に従いフェルミ準位とエネルギーバンドとの位置関係によって決定される．一方，エネルギーバンドは，静電ポテンシャルの変化に追随して図8・1に示すように変化する．したがって，式(8・1)，(8・2)はフェルミ・ディラック分布関数を介して結びついているので，同時に連立させて解かなければならない．しかし，近似的な方法により実用上問題のない精度の解を得ることができる．図8・1から予想されるように，接合面近傍ではフェルミ準位はバンドギャップの中央付近にある．したがって，キャリヤ

8章 pn接合の接合容量とバイポーラトランジスタ

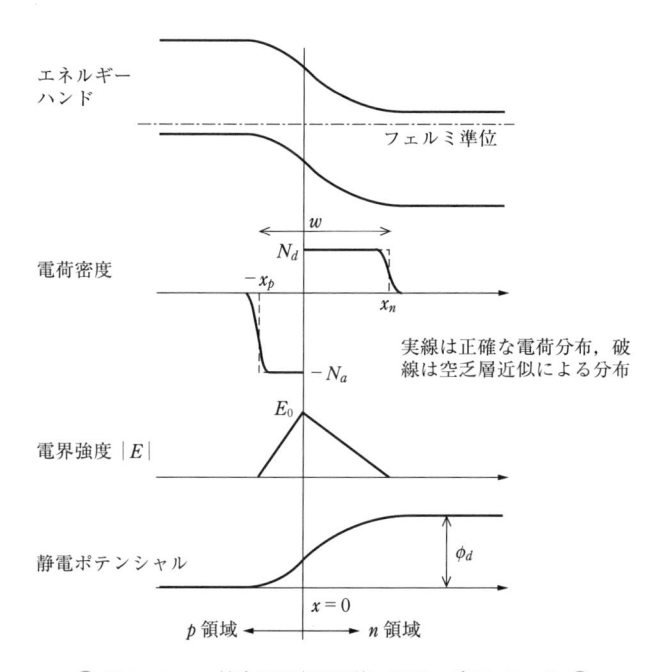

●図8・1 pn接合での空間電荷,電界,ポテンシャル●

密度は真性キャリヤ密度程度であり,添加不純物密度よりはるかに小さい.そこで,接合面を含む幅 w の範囲では,キャリヤ密度が不純物密度に比べ無視できると仮定し,$p = n = 0$ とする.また,その範囲の外でのキャリヤ密度は pn 接合の影響を受けず,したがってその領域は完全に中性に保たれるとする.つまり

$$\begin{aligned} \rho &= -qN_a \quad (-x_p < x < 0) \\ \rho &= qN_d \quad (0 \leq x < x_n) \\ \rho &= 0 \quad (x \leq -x_p, \ x \geq x_n) \end{aligned} \quad (8 \cdot 3)$$

であると仮定する.ここで,x_p は w のうち p 領域にある部分の幅,x_n は n 領域に含まれる部分の幅である.なお,図8・1に示すように,p 領域と n 領域の境界面を原点 $x = 0$ と定義している.このように,ある領域内でキャリヤの存在を無視する近似を**空乏層近似**とよぶ.そしてこのときキャリヤが存在しないと仮定される領域を**空乏層**とよぶ.図8・1に示した電荷密度の図は,厳密解と空乏層近似を模式的に表したものである.空乏層近似においては,空間電荷は空乏層の中だけに存在する.このため,7章で述べたように空乏層を**空間電荷層**ともよび,また空乏層以外の,空間電荷が存在しない領域を**中性領域**とよぶ.空乏層近似では,

熱平衡状態での中性領域の電界強度は 0 である（電荷密度が 0 である中性領域には電界は存在しない）．また，中性領域はキャリヤが存在し電気抵抗が小さい領域であるから，pn 接合に電圧をかけた場合も中性領域での電圧降下（あるいは電界）は通常 0 とみなす．

式 (8・3) を式 (8・2) に代入し積分すれば，ポテンシャル ϕ が求まる．ただし，式 (8・3) 中に現れる x_p, x_n や空乏層幅 w はさしあたり未知であり，ポテンシャルや電界の境界条件を満たすように決定される．

ではその境界条件を調べよう．前章で述べたように，平衡状態ではフェルミ準位が一定であるから，p 領域と n 領域の静電ポテンシャルの差 ϕ_d は式 (7・1) で与えられる．ここでは便宜上，p 形側の中性領域のポテンシャルをポテンシャルの原点 $\phi = 0$ としてとる．中性領域には電界は存在せず，ポテンシャルは一定である．したがって

$$\phi = 0 \quad (x \leq -x_p)$$
$$\phi = \phi_d \quad (x \geq x_n) \tag{8・4}$$

これが，印加電圧が 0 のときの，ポテンシャルに関する境界条件である．また電圧がかかっているときは，式は

$$\phi = 0 \quad (x \leq -x_p)$$
$$\phi = \phi_d - V_a \quad (x \geq x_n) \tag{8・5}$$

となる．図 7・3 からも明らかなように $V_a > 0$ のときは両側のポテンシャル差が小さくなる．

電界に関する境界条件は，空乏層の端で電界 E が 0 になることより，

$$E = 0 \quad (x = -x_p, \ x = x_n) \tag{8・6}$$

と書き表すことができる．この条件を満たすためには，空乏層内での電荷の総量が 0 でなければならない（電磁気学のガウスの法則より，もしある領域内で正味の電荷量が 0 でなければ，その領域から外部に向けて電界が発生する）．したがって，空乏層内のアクセプタによるマイナス電荷とドナーによるプラス電荷の量は等しい．

以上で pn 接合のポテンシャルを求めるための準備は整った．以下では p 領域のアクセプタ密度は N_a，n 領域のドナー密度は N_d で一定とした場合についてポテンシャルを求める．このように不純物密度一定の接合を**階段接合**とよぶ．階段接合では，式 (8・2) は

$$\frac{d^2\phi}{dx^2} = \frac{qN_a}{\varepsilon} = \text{一定} \quad (-x_p < x < 0)$$

$$\frac{d^2\phi}{dx^2} = -\frac{qN_d}{\varepsilon} = \text{一定} \quad (0 \leq x < x_n) \tag{8・7}$$

$$\frac{d^2\phi}{dx^2} = 0 \qquad\qquad (x \leq -x_p,\ x \geq x_n)$$

となり，これを積分することで電界が求まる．$x=0$ の点における電界の大きさを E_0 とすると

$$\frac{d\phi}{dx} = -E(x) = \frac{qN_a}{\varepsilon}x + E_0 \quad (-x_p < x < 0)$$

$$\frac{d\phi}{dx} = -E(x) = -\frac{qN_d}{\varepsilon}x + E_0 \quad (0 \leq x < x_n) \tag{8・8}$$

となる．E_0 は電界の最大値でもある．空乏層端 $x = -x_p,\ x_n$ において電界が 0 である条件を用いると

$$E_0 = \frac{qN_a x_p}{\varepsilon} = \frac{qN_d x_n}{\varepsilon} \tag{8・9}$$

となる．これより

$$N_a x_p = N_d x_n \tag{8・10}$$

であることがわかるが，これは先に述べたように「空乏層内での電荷の総量が 0」であることを意味している．また，x_p と x_n の比は，不純物密度の比に反比例する．つまり，不純物密度が低い側に空乏層はより大きく伸びる．式 (8・8) は次のように書き換えられる．

$$-E(x) = \frac{qN_a(x_p + x)}{\varepsilon} \quad (-x_p < x < 0)$$

$$-E(x) = \frac{qN_d(x_n - x)}{\varepsilon} \quad (0 \leq x < x_n) \tag{8・11}$$

式 (8・11) をもう一度積分すればポテンシャルが得られる．$\phi = -\int E dx$ より，ϕ は

$$\phi = \frac{qN_a(x_p + x)^2}{2\varepsilon} + c \quad (-x_p < x < 0)$$

$$\phi = -\frac{qN_d(x_n - x)^2}{2\varepsilon} + c' \quad (0 \leq x < x_n) \tag{8・12}$$

となる．ここで，境界条件 $\phi(-x_p)=0$ と，$x=0$ で ϕ が連続であることより，積分定数 c, c' が決定され次式が得られる．

$$\phi = \frac{qN_a(x_p+x)^2}{2\varepsilon} \qquad (-x_p < x < 0)$$
$$\phi = -\frac{qN_d(x_n-x)^2}{2\varepsilon} + \frac{qN_a x_p^2 + qN_d x_n^2}{2\varepsilon} \quad (0 \leq x < x_n) \qquad (8 \cdot 13)$$

式 (8·13) の $x=x_n$ での値が p 領域と n 領域のポテンシャル差であり，$(\phi_d - V_a)$ で与えられる．したがって

$$\frac{qN_a x_p^2 + qN_d x_n^2}{2\varepsilon} = \phi_d - V_a \qquad (8 \cdot 14)$$

ところで，x_p と x_n の間には式 (8·10) の関係があった．これを用い x_n または x_p を消去すると

$$x_n = \sqrt{\frac{2\varepsilon(\phi_d - V_a)}{q} \frac{N_a}{N_d(N_d+N_a)}}$$
$$x_p = \sqrt{\frac{2\varepsilon(\phi_d - V_a)}{q} \frac{N_d}{N_a(N_d+N_a)}} \qquad (8 \cdot 15)$$

空乏層幅 w は，$w = x_n + x_p = x_n(1+N_d/N_a) = x_p(1+N_a/N_d)$ であるから，以下の式で与えられる．

$$w = \sqrt{\frac{2\varepsilon(\phi_d - V_a)}{q} \frac{N_d+N_a}{N_d N_a}} \qquad (8 \cdot 16)$$

また，$x=0$ における電界 E_0 は式 (8·9) より，次式で表される．

$$E_0 = \sqrt{\frac{2q(\phi_d - V_a)}{\varepsilon} \frac{N_d N_a}{N_d+N_a}} = \frac{2(\phi_d - V_a)}{w} \qquad (8 \cdot 17)$$

pn 接合に逆バイアス（$V_a < 0$）をかけたときは，①空乏層の幅が広がり，②より多くの不純物イオンが空乏層に取り込まれて正負の空間電荷量が増加し，③空乏層中の電界強度が増加する．順バイアス（$V_a > 0$）を印加すると，この逆の変化が生じる．

〔2〕 **pn 接合の接合容量**

pn 接合は電気容量をもつ．なぜなら，空乏層の中に空間電荷として電荷が蓄えられているからであり，またその電荷の量が印加電圧によって変わるからである．以下では次式で与えられる微分容量あるいは小信号容量について調べる．

$$C = \frac{dQ}{dV_r} \quad (V_r = -V_a) \tag{8・18}$$

ここで，Q は空乏層中に蓄えられている正電荷の量（＝負電荷の量）である（電荷の量は逆バイアスの増加につれ増加するので，容量を考えるときは通常は逆方向を正の電圧ととる）．この定義は，普通の電気容量の定義 $C = Q/V_r$ と異なっていることに注意してほしい．普通のコンデンサでは，電荷量は電圧に比例して増減する．その場合は，式 (8・18) の定義も $C = Q/V_r$ とする定義も等価である．しかし，pn 接合に蓄えられている電荷は電圧に比例はしない．したがって，pn 接合に対しては Q/V_r という値を考えてもあまり意味はない．式 (8・18) で与えられる微分容量は，逆バイアス電圧 V_r をわずかに増加させ $(V_r + dV_r)$ としたときの空乏層電荷の変化量 dQ により定義されている．これは，ある直流バイアスをかけておき，それに重ねて微小な交流信号を印加した場合の，その交流成分に対する電気容量である．交流ブリッジなどを用いた容量の測定ではこのような微分容量が測定される．

では pn 接合の容量の値を導こう．pn 接合の面積は単位面積とする．逆方向電圧が dV_r 変化し，それに伴い空乏層幅が変化し，単位面積当たり dQ の電荷の変化が生じたとする．この電荷の変化は空乏層の端だけで生じ，空乏層内部での電荷には変化がない．こうして，n 形側の空乏層の端では $+dQ$，p 形側の端では $-dQ$ の変化が生ずる．この電荷の変化により空乏層中には一様に

$$dE = -\frac{dQ}{\varepsilon} \tag{8・19}$$

の電界の変化が生ずる．この電界の電気力線は，空乏層の n 形側の端に始まり，p 形側の端で終わっている．したがって，これに伴うポテンシャルの変化は

$$dV_r = -wdE \tag{8・20}$$

で与えられる．この二つの式より

$$C = \frac{dQ}{dV_r} = \frac{\varepsilon}{w} \tag{8・21}$$

であることがわかる．これで容量が導かれた．

この導出過程では空乏層中の不純物分布の情報をまったく用いていない．つまり，この式 (8・21) は任意の不純物分布について成り立つ．また式 (8・21) は電極板間距離が w で，誘電率 ε の誘電体が挿入された平行平板コンデンサの容量

の式と同じ形をしている．これは，空乏層の内部では電荷の変化が生じておらず，空乏層が単に誘電体として働いているからである．

階段接合の場合は，空乏層幅 w として式 (8・16) を代入することで，容量と印加電圧 V_r との関係が次のように求まる．

$$C = \frac{1}{2}\sqrt{\frac{2\varepsilon q}{\phi_d + V_r}\frac{N_a N_d}{N_a + N_d}} \qquad (8・22)$$

これより容量 C は $(\phi_d + V_r)$ の平方根に反比例することがわかる．またこの式を変形すれば

$$\frac{1}{C^2} = \frac{2}{\varepsilon q}\frac{N_a + N_d}{N_a N_d}(V_r + \phi_d) \qquad (8・23)$$

となる．したがって，印加電圧を横軸に，C^{-2} を縦軸にプロットすれば直線的な関係が得られ，その傾きが不純物密度に依存し，電圧軸切片が拡散電位 ϕ_d に相当する．また，特に片方の不純物密度が他方に比べはるかに大きいとき，たとえば $N_a \gg N_d$ のときは，傾きは $2/q\varepsilon N_d$ となるので，傾きから密度の低い側の不純物密度を求めることができる（片方の不純物密度が他方よりはるかに大きい接合は**片側階段接合**とよばれる）．

2 バイポーラトランジスタの構造と動作原理を学ぼう

〔1〕 動作原理

バイポーラトランジスタは三端子の半導体素子で，三つの端子に対応して内部は三つの領域**エミッタ**（emitter, **E**），**ベース**（base, **B**），**コレクタ**（collector, **C**）に分かれている．**図 8・2** に示すように，エミッタとコレクタは同じ形，それらに挟まれたベースは異なる形で構成される．したがって，エミッタ・ベース・コレクタの半導体の形は n・p・n または p・n・p である．前者を **npn トランジスタ**，後者を **pnp トランジスタ**とよぶ．バイポーラ（両極性）という形容は電子，正孔の両方が伝導に関与するという意味である．トランジスタのもう一つのタイプ，電界効果トランジスタは，片方のキャリヤのみが関与するので**ユニポーラトランジスタ**という．多くの場合，単にトランジスタといえばバイポーラトランジスタを指す．

トランジスタ内にはエミッタ・ベース間およびコレクタ・ベース間の二つの pn 接合があり，トランジスタの通常の動作条件下では，エミッタ・ベース間には順

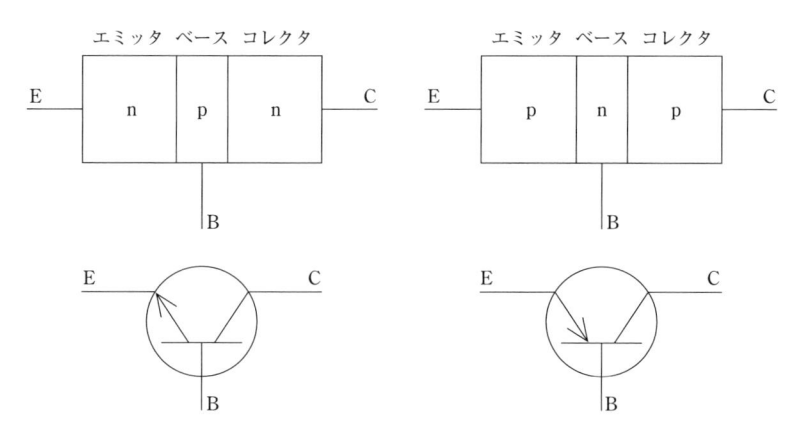

● 図 8・2　npn トランジスタと pnp トランジスタの構造と回路記号 ●

方向電圧が，コレクタ・ベース間には逆方向電圧がかかる．以下に述べるようにどの端子を接地するかで複数の異なる使い方があるが，この電圧のかけ方（およびトランジスタ内部で起きている現象）はどの使い方でも基本的に同じである．以下，npn トランジスタを例にとって，素子の中での現象を考えよう．トランジスタの増幅動作は以下の三点を踏まえると理解することができる．

① エミッタ電流はダイオードの順方向電流に相当する

エミッタ・ベース間に順方向電圧がかかると，電子がエミッタからベースに注入される．このときのエミッタ電流 I_E（エミッタ端子を流れる電流）とエミッタ・ベース間電圧 V_{EB} の関係は，ダイオードの順方向電流-電圧特性と基本的に同じである．なお同時にベースから正孔がエミッタに注入されるが，この正孔電流はトランジスタの増幅動作には寄与せず，単にエミッタ・ベースの回路を流れるだけである．後で述べるように，その正孔による電流は小さくなるよう，実際のトランジスタは設計される．

② コレクタ電流はエミッタ電流とほぼ等しい

ベースは薄くつくられており，エミッタからベースに注入された電子はほぼそのままコレクタ・ベース間の接合に到達する．そしてそこにかかっている逆方向電圧（コレクタ側が正）のためコレクタ側に掃き出される．したがって，エミッタ電流 I_E とコレクタ電流 I_C はほぼ等しい．コレクタ・ベース間電圧 V_{CB} は，接合に到達した電子を掃き出すだけの役目であり，ある程度以上の値であるなら，コレクタ電流 I_C にほとんど影響を与えない．このことは重要である．I_C は，コレ

クタに印加する電圧や接続する負荷抵抗にかかわりなく，I_E（ということは V_{EB}）で制御される．

③ エミッタ電流（コレクタ電流）とベース電流の比はほぼ一定である

エミッタ電流 I_E のうちわずかの部分がベース電流 I_B となりベース端子を流れる（これは，ベース内で再結合する電子およびベースからエミッタに注入される正孔による電流である）．コレクタ・ベース間に十分な逆方向電圧がかかっているなら，I_E/I_B の比はほぼ一定である．また，②の性質から，I_C/I_B の比もほぼ一定となる．したがって，コレクタ電流はベース電流によって制御されるということができる．

三つの電流の間には

$$I_E = I_B + I_C \tag{8・24}$$

の関係が成立する．**図8・3**(a) はベース接地の回路図である．この接続でエミッタ電流をトランジスタの入力電流，コレクタ電流を出力電流と考えたとき，両者の比をベース接地の**電流増幅率**とよび，α で表す．

$$\alpha = \frac{I_C}{I_E} \tag{8・25}$$

この α は増幅率とよばれているものの，1よりも小さい．上で述べたように，$I_E \approx I_C$ であり，$\alpha \approx 1$ である．

図8・3(b) にエミッタ接地の接続図を示す．この接続では I_B が入力電流，I_C が出力電流であり，エミッタ接地の電流増幅率 β は

$$\beta = \frac{I_C}{I_B} \tag{8・26}$$

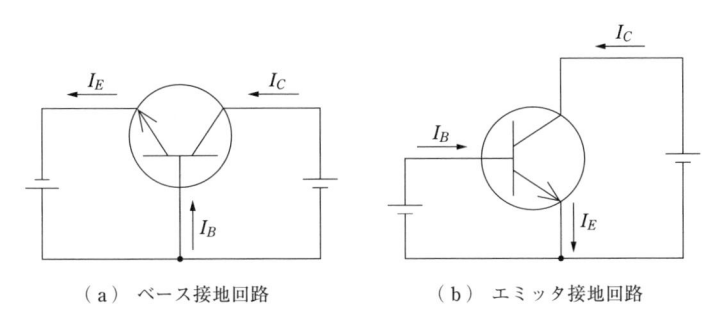

● 図8・3　npnトランジスタのベース接地回路とエミッタ接地回路 ●

で定義され，式 (8・24)，(8・25) より，α と次の関係がある．

$$\beta = \frac{\alpha}{1-\alpha} \tag{8・27}$$

仮に $\alpha = 0.99$ とすると，$\beta = 99$ となる．このように，I_B の変化に対して I_C の大きな変化が得られるので，この接続方法は電流増幅回路に広く用いられている．

〔2〕 **電流増幅率**

では，ベース接地電流増幅率 α の値を導こう．**図 8・4** に npn トランジスタでの電子と正孔の流れを模式的に示す．I_E は，EB 接合面を横切る電子電流と正孔電流から成っている．I_E のうちの電子拡散電流成分が I_C になる．ただし，電子拡散電流成分のうち一部はベース領域中で正孔との再結合によって失われる．したがって，α は① I_E のうち電子拡散電流がどれだけか，②その電子の流れがどれだけコレクタ側に到達できるか，の二つの要因で決まる．すなわち

$$\alpha = \gamma \alpha_T \tag{8・28}$$

ここで，γ は**注入効率**とよばれ，次式で定義される．

$\gamma = (I_E$ の電子拡散電流成分$)/(I_E$ の全拡散電流成分＋再結合電流成分$)$

α_T は到達率あるいはベース輸送効率とよばれ

$\alpha_T = ($CB 接合に到達した電子の流れ$)$
　　　／（ベース中性領域に注入された電子の流れ）

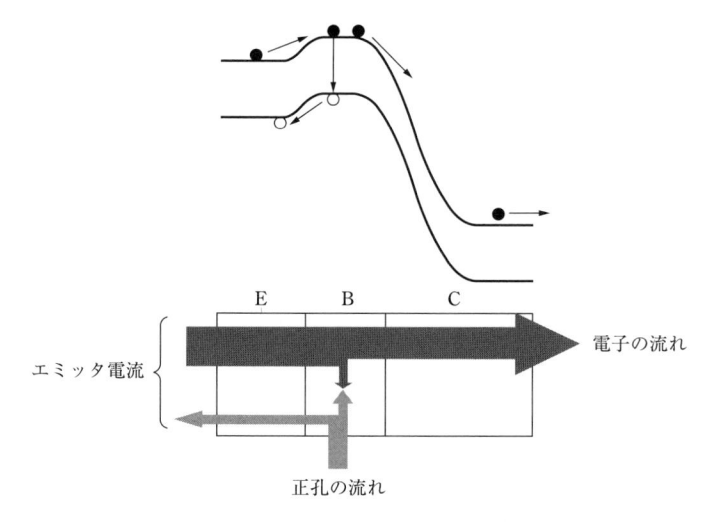

● 図 8・4　npn トランジスタにおけるキャリヤの流れ ●

で与えられる．

まずγを導こう．pn接合での拡散電流は式(7·9)で与えられる．ただしこの式は，両側の中性領域が十分広いことを前提にしている（$x \to \infty$で過剰キャリヤ密度が0になることを境界条件にしている）．ところがベース領域は拡散長に比べ小さくつくられている．よって，ベース領域においては，電子密度$n(x)$は以下の境界条件を満たす．

$$n(d) = 0, \quad n(0) = n_0 \exp\left(\frac{qV_{EB}}{kT}\right) \tag{8·29}$$

ここで，n_0はベース領域の平衡電子密度，dはベースの中性領域の幅である．拡散長がdに比べはるかに大きいとき，$n(x)$は近似的に次式で与えられる．

$$n(x) = n_0 \exp\left(\frac{qV_{EB}}{kT}\right)\left(1 - \frac{x}{d}\right) \tag{8·30}$$

電子拡散電流の大きさは

$$-qD_n \frac{dn(x)}{dx}\bigg|_{x=0} = q\frac{D_n n_0}{d}\exp\left(\frac{qV_{EB}}{kT}\right) \tag{8·31}$$

となる．正孔拡散電流の大きさは式(7·9)中と同じである．

よって，$\exp(qV_{EB}/kT) \gg 1$であり，かつ再結合電流が無視できる場合，注入効率は次式で与えられる．

$$\gamma = \frac{D_n n_0/d}{D_n n_0/d + D_p p_0/L_p} \tag{8·32}$$

ここでp_0はエミッタ領域の正孔密度である．ベース領域のアクセプタ密度をN_a，エミッタ領域のドナー密度をN_dとすると，完全イオン化の条件の下で$n_0 = n_i^2/N_a$，$p_0 = n_i^2/N_d$である．$n_0 \gg p_0$，すなわち$N_d \gg N_a$とすればγは1に近くなる．このときγは次式で与えられる．

$$\gamma = \frac{1}{1 + (D_p N_a d)/(D_n N_d L_p)} \cong 1 - \frac{D_p N_a d}{D_n N_d L_p} \tag{8·33}$$

再結合電流が無視できない場合は式(8·32)の分母に再結合電流成分が加わり，γはより小さくなる．

次に到達率α_Tを見積もろう．それには，ベース中で単位時間に再結合によって失われる電子の数を求めればよい．単位体積・単位時間当たりの再結合の数は，ベース中の電子の寿命をτ_nとして$\{n(x) - n_0\}/\tau_n$である．したがって，ベース

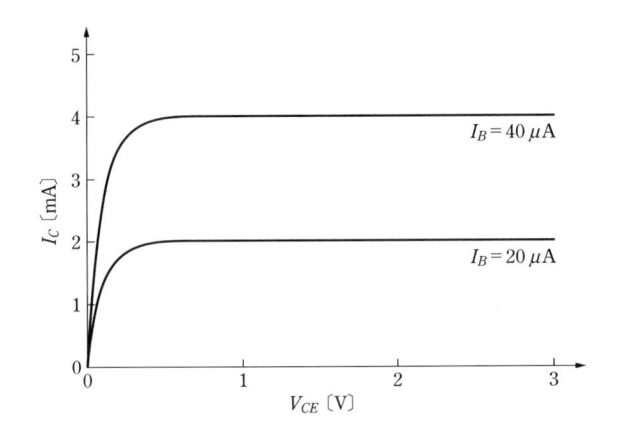

● 図 8・5　トランジスタのエミッタ接地での V_{CE}-I_C 特性の一例 ●

領域全体では

$$\frac{1}{\tau_n}\int_0^d \{n(x) - n_0\} dx \cong \frac{1}{\tau_n} n_0 \exp\left(\frac{qV_{EB}}{kT}\right)\frac{d}{2} \qquad (8\cdot34)$$

となる．ここで $\exp(qV_{EB}/kT) \gg 1$ とし，$n(x) - n_0 \cong n(x)$ としている．ベースの電子拡散電流（式 (8・31)）のうち（上式）× q の分が失われるのであるから，到達率 α_T は次式で与えられる．

$$\alpha_T \cong 1 - \frac{qn_0 \exp(qV_{EB}/kT) d/2\tau_n}{qn_0 \exp(qV_{EB}/kT) D_n/d} = 1 - \frac{d^2}{2D_n\tau_n} \qquad (8\cdot35)$$

α_T, γ より式 (8・28) で α が得られ，式 (8・27) から β が得られる．

　エミッタ接地の特性の一例を図 8・5 に示す．V_{CE} がある程度大きい（＞1 V）と，I_C は V_{CE} によらず I_B の β 倍の値で一定になる．これまでの解析ではこの状態を想定していた．V_{CE} が小さい領域では I_C は減少する．この領域では，コレクタ接合に十分な逆バイアスがかかっていないため，式 (8・29) の $n(d)=0$ の条件が成り立たない．そのため電子密度勾配は式 (8・30) より小さく，電子拡散電流は小さくなる．$V_{CE}=0$ の状態では，コレクタ・ベース間にもエミッタ・ベース間と同じ順バイアスがかかっており，二つの接合界面を横切る順方向電流が打ち消し合って正味の電流が 0 になっていると考えればよい．

ま と め

○ pn接合の電位，電界の式を，ドナー，アクセプタ密度が一定の場合について導き，接合の重要な性質の一つである空乏層幅を求めた．空乏層幅は逆バイアスの印加で大きくなり，不純物密度の増加に伴って減少する．
○ pn接合のもつ電気容量（微分容量）の式を導いた．その式は平行平板コンデンサの容量の式と同じであり，空乏層幅が電極板間距離に対応する．
○ バイポーラトランジスタの基本構造と動作原理を示した．トランジスタの増幅動作は，順バイアスされたエミッタ・ベース接合と逆バイアスされたコレクタ・ベース接合の二つのpn接合によって生み出されている．
○ トランジスタの性能である電流増幅率は，エミッタ注入効率と到達率（ベース輸送効率）という二つの要因で決定されることを示し，それぞれの式を導いた．

演習問題

問1 接合界面近傍の不純物密度が
$$N_a = -Ax \quad (x < 0)$$
$$N_d = Ax \quad (x > 0)$$
（Aは定数）で表されるpn接合がある．このような接合を直線傾斜接合とよぶ．拡散電位がϕ_dで与えられるとき，この接合の空乏層幅を導け．

問2 N_a, N_dとも$1 \times 10^{16}\,\mathrm{cm}^{-3}$のSi階段pn接合がある．この接合の平衡状態での空乏層幅と単位面積当たりの接合容量を計算せよ．N_a, N_dが$1 \times 10^{17}\,\mathrm{cm}^{-3}$になった場合，これらの値はどうなるか．

問3 ベース領域の幅が少数キャリヤ拡散長よりはるかに小さいと，トランジスタの到達率が1に近くなることを示せ．

問4 トランジスタの設計では，エミッタ効率を大きくするため，エミッタの不純物密度をベース不純物密度よりはるかに大きくする．一方，コレクタの不純物密度はベース領域に比べはるかに小さくする．このとき，コレクタ・ベース接合の空乏層はどちら側に大きく広がるか．またなぜそれが望ましいか，考察せよ．

9章

金属と半導体の接触

7, 8章でpn接合について学んだ. その特徴は整流性にあるが, その電流-電圧特性を取り出すには, 半導体に電極として金属をつけなければならない. この金属-半導体接触は, オーミック特性を示すものでなければならない. 多くの半導体デバイスにとってオーミック接触の作製は, 重要なデバイスプロセスの一つである. 一方, 整流特性をもった金属と半導体の接触がある (ショットキー接触). 整流特性をもたらす原理は, pn接合とは異なる. 本章では, 金属-半導体接触から得られる整流, オーミック特性について学ぶ. 製作プロセスは簡単であるので, ショットキー接触は半導体材料の結晶性評価のための素子としてもしばしば利用される.

1 ショットキーダイオードのエネルギーバンド図について学ぼう

図 9·1 に, ショットキーダイオード (Schottky diode) の構造を示した. 表面の金属-半導体接触は整流性を示す**ショットキー接触** (Schottky contact), 裏面の金属-半導体接触はいずれの電圧極性に対しても電流が流れる**オーミック接触** (ohmic contact) を示した. 電圧を印加すると, 整流性を示すダイオード特性が得られる. ショットキー接触とオーミック接触では, 使用する金属は異なる. 金属が異なると, 半導体は同じでも電流-電圧特性になぜ差が現れるのであろうか.

金属と半導体を接触させたときの, エネルギーバンド図を考えてみよう. 図 9·2 (a) は, 接触前の金属と半導体 (ここでは n 形半導体) のエネルギーバンド図である. 金属ではエネルギーバンド中フェルミ準位以下の準位が電子で満た

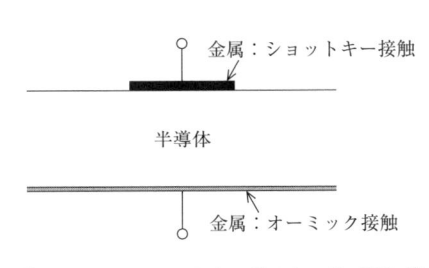

● 図 9·1　ショットキーダイオードの構造 ●

1 ショットキーダイオードのエネルギーバンド図について学ぼう

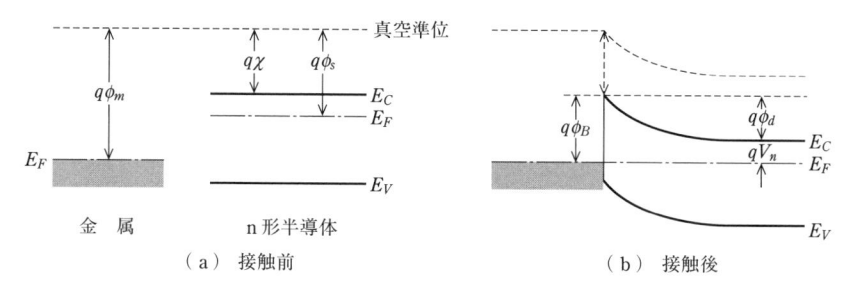

● 図 9・2　$q\phi_m > q\phi_s$ の金属と n 形半導体接触（ショットキー接触）●

されている．真空準位とフェルミ準位の差を**仕事関数**（work function）といい，金属の仕事関数を $q\phi_m$ としている．n 形半導体の仕事関数は $q\phi_s$ で，$q\phi_s < q\phi_m$ の場合が図に示されている．真空準位と伝導帯下端の差は**電子親和力**（electron affinity）といい，$q\chi$ とした．

$q\phi_m > q\phi_s$ の金属と n 形半導体を接触させた後のエネルギーバンド図を図 9・2(b) に示した．後で示すように，この接触は整流性を示すショットキー接触である．伝導帯の電子は，金属と半導体のフェルミ準位が一致するまで，よりエネルギーの低い金属側に移動し，pn 接合同様，空乏層が形成される．真空準位は連続的に変化するので，図 9・2(b) のエネルギーバンド図となる．図 9・2(a) で，半導体のエネルギーバンドを仕事関数差（$q\phi_m - q\phi_s$）下方に移動すれば，図 9・2(b) の中性領域が得られる．空乏層で，金属-半導体接触から半導体中性領域まで伝導帯，価電子帯を結べば，図 9・2(b) が完成する．空乏層でのエネルギーバンドの変化は，後に得られる．金属側からも，また半導体側からも電子に対してエネルギー障壁が形成されている．金属側からみた障壁 $q\phi_B$ は金属の仕事関数と電子親和力の差となり

$$q\phi_B = q(\phi_m - \chi) \qquad (9 \cdot 1)$$

となる．$q\phi_B$ は，**ショットキー障壁高さ**（Schottky barrier height）といい，整流性の良否を決定する重要な量である．半導体側からみた障壁 $q\phi_d$ は，仕事関数差

$$q\phi_d = q(\phi_m - \phi_s) \qquad (9 \cdot 2)$$

となり，pn 接合同様，拡散電位という．中性領域でのフェルミ準位と伝導帯下端のエネルギー差を qV_n とすると

$$q\phi_d + qV_n = q\phi_B \qquad (9 \cdot 3)$$

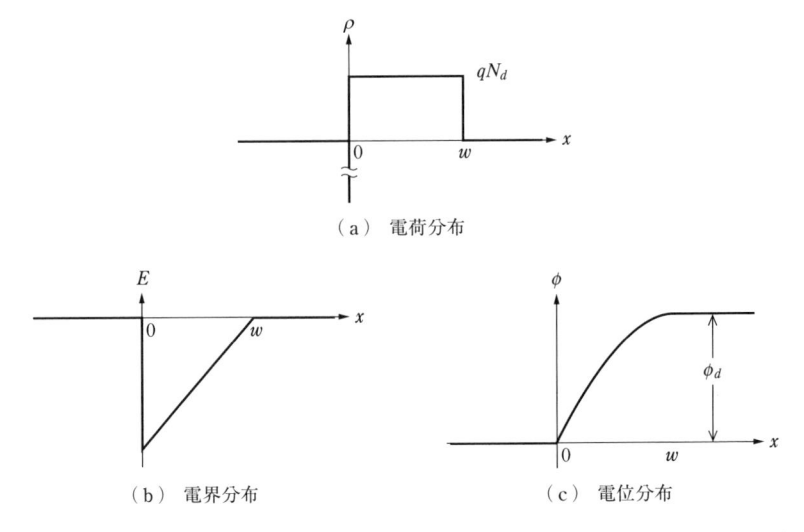

● 図9・3　$q\phi_m > q\phi_s$ の金属と半導体接触の（a）電荷分布，（b）電界分布，（c）電位分布 ●

の関係がある．

　空乏層内でのエネルギーバンド図を描くには，pn 接合について解説した 7，8 章で学んだように，電界分布，電位分布を求める必要がある．**図9・3**（a）に，その分布を決める電荷分布を示した．金属側では，半導体から移動してきた電子により，表面で薄い負電荷層ができる．半導体側では，電子が移動したことにより電荷中性条件が打ち破られ，正のドナー不純物による正電荷が発生する．空乏層近似を用い，ドナーは均一分布とし，その密度を N_d とすると，図9・3（a）に示す電荷分布が形成されている．半導体側のポアソンの方程式は

$$\frac{d^2\phi(x)}{dx^2} = -\frac{qN_d}{\varepsilon_s} \tag{9・4}$$

である．境界条件は

$$x = w, \quad E = -\frac{d\phi}{dx} = 0 \tag{9・5}$$

また，電位の基準点は金属-半導体接触におく（$\phi(0) = 0$）．式（9・4）を 1 回積分して式（9・5）の境界条件を用いると，電界は

$$E = -\frac{d\phi(x)}{dx} = \frac{qN_d}{\varepsilon_s}(x - w) \tag{9・6}$$

と求められる．式 (9・6) を積分し，$\phi(0) = 0$ を用いると電位は

$$\phi(x) = -\frac{qN_d}{2\varepsilon_s}(x-w)^2 + \frac{qN_d}{2\varepsilon_s}w^2 \qquad (9・7)$$

となり，$x = w$ で最大値をもつ放物線となることがわかる．図 9・3 (b)，(c) に電界，電位分布を示した．その分布は，p$^+$n 片側接合に対応していると考えてよい．金属と半導体の電位差は

$$\phi_d = \frac{qN_d}{2\varepsilon_s}w^2 \qquad (9・8)$$

となる．図 9・2 (b) の空乏層内のエネルギーバンド図は，$E_i = -q\phi$ の関係を用いて描いたものであり，$x = w$ で最小値をもつ放物線である．

半導体を基準に電圧 V_a を印加したときの電位分布と対応するエネルギーバンド図を**図 9・4**に示した．同図 (a) は，金属に負電圧を印加（逆バイアスとよぶ）した場合，(b) は正電圧を印加（順バイアスとよぶ）した場合である．金属と半導体の電位差は（$\phi_d - V_a$）（逆バイアスを負，順バイアスを正としている）で与えられる．逆（順）バイアスで，半導体からみた障壁高さが増加（減少）し，

（a）逆バイアス（$V_a < 0$）　　　　（b）順バイアス（$V_a > 0$）

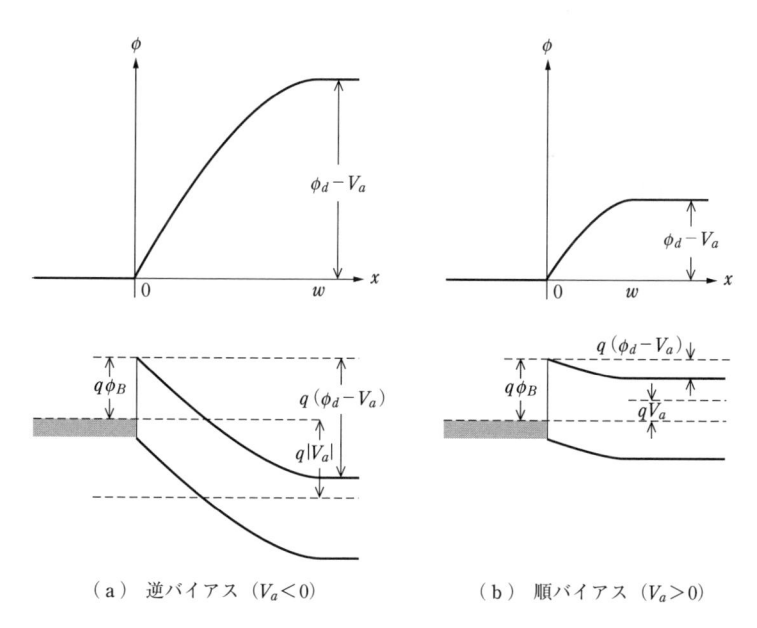

● 図 9・4　バイアスを印加したときの電位分布とエネルギーバンド図 ●

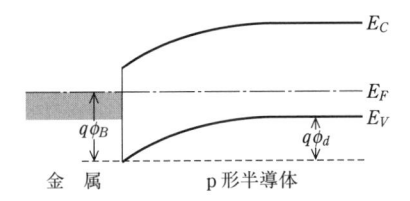

● 図 9・5　$q\phi_m < q\phi_s$ の金属と p 形半導体接触（ショットキー接触）●

そのとき，式 (9・8) の左辺を $(\phi_d - V_a)$ とおいて，空乏層幅は

$$w = \sqrt{\frac{2\varepsilon_s(\phi_d - V_a)}{qN_d}} \quad (9・9)$$

と与えられる．逆バイアス印加で空乏層幅が増加することがわかる．一方，ショットキー障壁高さは，印加電圧によって変わらない．これが，後で示す金属と半導体の接触に整流特性を与えることになる．

図 9・5 に金属と p 形半導体との接触で，$q\phi_m < q\phi_s$ の場合のエネルギーバンド図を示した．半導体側，金属側とも正孔に対して障壁ができ，ショットキー接触である．このときのショットキー障壁高さは

$$q\phi_B = E_g - q(\phi_m - \chi) \quad (9・10)$$

となる．また，半導体からみた障壁は式 (9・2) である．式 (9・1) と式 (9・10) から，同一金属で n，p 形半導体と接触を作製すると，それぞれの障壁高さの和は禁制帯幅となることがわかる．

② 容量-電圧特性からキャリヤ密度分布を求めよう

逆バイアスに印加したとき，pn 接合同様，金属と半導体の接触は次式で与えられる空乏層容量をもつ．

$$C = \frac{\varepsilon_s}{w} = \sqrt{\frac{q\varepsilon_s N_d}{2(\phi_d - V_a)}} \quad (9・11)$$

式 (9・11) から

$$\frac{1}{C^2} = \frac{2(\phi_d - V_a)}{q\varepsilon_s N_d} \quad (9・12)$$

の関係が得られ，$1/C^2$-V_a のプロットの電圧軸への外挿から ϕ_d を，またその傾きから N_d を求めることができる．図 **9・6** に $1/C^2$-V_a のプロットを示す．その傾

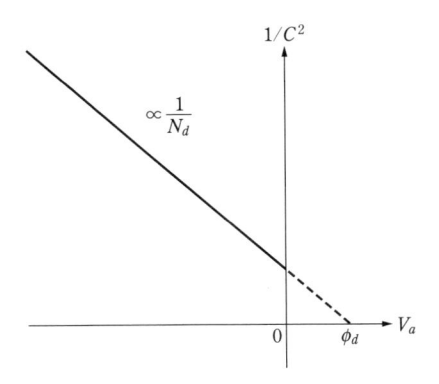

● 図 9・6　$1/C^2$-V_a プロット ●

きがドナー密度の逆数に比例すること，また $1/C^2 = 0$ の外挿点は ϕ_d であることを示した．

しかしながら一般にドナー密度は深さに対して一様ではない．そのとき，ポアソンの方程式は

$$\frac{d^2\phi(x)}{dx^2} = -\frac{qN_s(x)}{\varepsilon_s} \tag{9・13}$$

均一なドナー密度に対して解いたときと同様，式 (9・5) の境界条件と電位の基準を金属-n 形半導体接触面にとると，電界，電位は

$$E(x) = -\frac{d\phi(x)}{dx} = -\int_x^w \frac{qN_s(x)}{\varepsilon_s} dx \tag{9・14}$$

$$\phi(x) = x\int_x^w \frac{qN_s(x)}{\varepsilon_s} dx + \int_0^x \frac{qN_s(x)x}{\varepsilon_s} dx \tag{9・15}$$

と与えられる．したがって，金属と n 形半導体の電位差は

$$\phi_d - V_a = \int_0^w \frac{qN_s(x)x}{\varepsilon_s} dx \tag{9・16}$$

となる．上式から

$$N_s(w) = \frac{2}{-q\varepsilon_s \dfrac{d(1/C^2)}{dV_a}} \tag{9・17}$$

が得られ，$1/C^2$-V_a の微分係数から，位置 w でのドナー密度が求められる．位置 w は，$C = \varepsilon_s/w$ の関係を用いて求められるので，逆バイアスに対する容量の測定

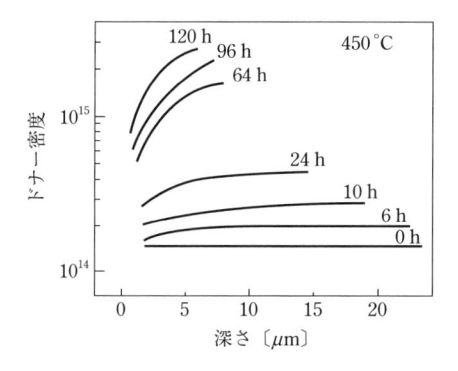

● 図 9・7　C-V 測定から求められたドナー密度深さ分布 [4] ●

から，ドナー密度の深さ方向分布が得られることがわかる．図 9・7 に，ドナー密度が一様でない場合，式 (9・17) を用いて求められたドナー密度深さ分布の一例を示した．p 形半導体を用いたショットキーダイオードに対しても，式 (9・17) の関係が得られ，アクセプタ密度の深さ分布を求めることができる．この手法は，半導体のドナー，アクセプタ密度深さ分布を求めるのに，しばしば用いられている．

③ ショットキーダイオードの電流-電圧特性と整流性について学ぼう

　金属と半導体の接触は，pn ダイオードと同様，整流特性を示す（ショットキー接触）．ただし，整流性を与える原理は，pn ダイオードと異なる．pn ダイオードでは少数キャリヤ注入に基づくが，ショットキー接触では多数キャリヤが障壁を越えて流入することにより，電流が決定される．図 9・4 に示したように，電圧を印加すると，半導体側からみた障壁高さが変化していることがわかる．一方，ショットキー障壁高さ $q\phi_B$ は変化しない．

　半導体が n 形であるショットキー接触を例にとり，電流-電圧特性を求めよう．図 9・8 に，(a) 熱平衡状態，(b) 順バイアス時，(c) 逆バイアス時の電流を，エネルギーバンド図とともに示した．電子の流れの向きは電流の反対方向である．J_1 は，半導体側から金属側に障壁 $q(\phi_d - V_a)$ を越えて流入する電子による電流を示している．J_2 は，金属側から半導体側に障壁 $q\phi_B$ を越えて流入する電子による電流を示している．熱平衡状態では $J_1 = J_2$ である．順バイアスを印加すると，半導体からみた障壁高さが減少し，J_1 が増加する．J_2 に変化はない．金属

3 ショットキーダイオードの電流-電圧特性と整流性について学ぼう

$\longrightarrow J_1$(電子の流れ:半導体 $\rightarrow$ 金属)

$\longleftarrow J_2$(電子の流れ:金属 $\rightarrow$ 半導体)

(a) 熱平衡状態

(b) 順バイアス時

(c) 逆バイアス時

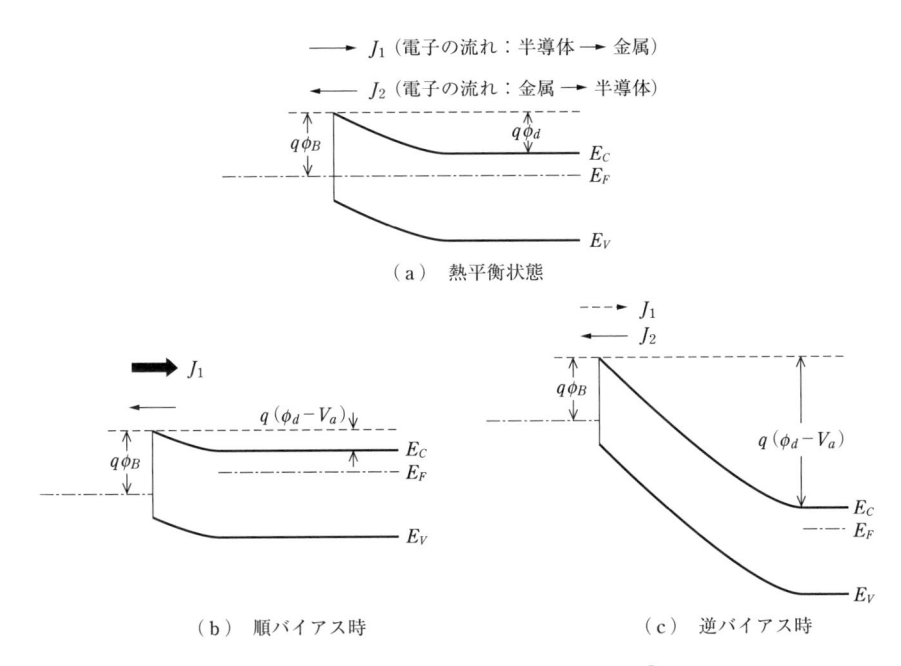

● 図 9・8　印加バイアスによる電流の変化 ●

から半導体側の流れの向きを正とすると,正味の電流 $J = J_1 - J_2$ が生じる.逆バイアスを印加すると,半導体側からみた障壁高さが増加し,J_1 が著しく減少する.J_2 に変化はないので,この場合の電流は J_2 で決定され,$J = -J_2$ となる.$q\phi_B$ が十分高い場合は,J_2 は非常に小さい.順バイアスでは,半導体側から金属側に大量の電子が流れることで電流が決定され,逆バイアスでは金属側から少量の電子の流れで電流が決定されていることがわかる.すなわち,整流性が得られている.

電流密度 J_1 を求めよう.それには $q(\phi_d - V_a)$ を超える運動エネルギーをもつ電子の数を求めればよい.xy 平面を金属-半導体界面にとり,半導体から金属方向を z 方向とすると,その条件は

$$\frac{1}{2}m^* v_z^2 = \frac{\hbar^2 k_z^2}{2m^*} \geq q(\phi_d - V_a) \tag{9・18}$$

である.電子の分布関数は,$q(\phi_d - V_a)$ を超える十分大きなエネルギーをもつ電子が対象となるので,ボルツマン分布関数で近似すると

$$J_1 = q \iiint \frac{2}{(2\pi)^3} \exp\left(-\frac{E-E_F}{kT}\right) \frac{\hbar k_z}{m^*} dk_x dk_y dk_z \qquad (9 \cdot 19)$$

と表わされる．$2/(2\pi)^3$ は k 空間での状態密度であり，$v_z = \hbar k_z/m^*$ を用いている．また

$$E = \frac{\hbar^2}{2m^*}(k_x^2 + k_y^2 + k_z^2) \qquad (9 \cdot 20)$$

である．k_x，k_y に関する積分範囲は，$-\infty$ から $+\infty$ である．k_z に関しては，式 (9·18) の条件より，$\sqrt{2m^*\{E_C + q(\phi_d - V_a)\}/\hbar^2}$ から $+\infty$ となる．積分を実行すると

$$J_1 = \frac{4\pi q m^* k^2 T^2}{h^3} \exp\left\{-\frac{q(\phi_B - V_a)}{kT}\right\} \qquad (9 \cdot 21)$$

が得られる．なお，$E_C + q(\phi_d - V_a) = q(\phi_B - V_a) + E_F$ の関係を用いた．

J_2 は，k_z の積分範囲を，$\sqrt{2m^*(E_F + q\phi_B)/\hbar^2}$ から $+\infty$ として式 (9·19) の積分を実行すればよい．あるいは，熱平衡状態では $J_1 = J_2$ であるので，式 (9·21) で $V_a = 0$ とおけば

$$J_2 = \frac{4\pi q m^* k^2 T^2}{h^3} \exp\left(-\frac{q\phi_B}{kT}\right) \qquad (9 \cdot 22)$$

が得られる．したがって，電流は

$$J = J_1 - J_2 = J_s\left\{\exp\left(\frac{qV_a}{kT}\right) - 1\right\} \qquad (9 \cdot 23)$$

となる．ここで

$$J_s = A^* T^2 \exp\left(-\frac{q\phi_B}{kT}\right) \qquad (9 \cdot 24)$$

$$A^* = \frac{4\pi q m^* k^2}{h^3} \qquad (9 \cdot 25)$$

である．もともとこの解法は，金属中電子が仕事関数を越えて熱電子放出により真空中に飛び出す際の求め方と同じであり，A^* は**リチャードソン係数**である．ただし A^* で，質量は有効質量となる．順バイアスで指数関数的に電流が上昇すること，逆バイアスで J_s に飽和することがわかる．また J_s の値は，ショットキー障壁高さが決めていることがわかる．

金属-p 形半導体で，$q\phi_m < q\phi_s$ の場合の解析も同様である．流れる電流は，

3 ショットキーダイオードの電流-電圧特性と整流性について学ぼう

金属中またp形半導体中の価電子帯正孔によるものになる．

図 9・9 に，式 (9・23) より計算したショットキーダイオードの電流-電圧特性を示す．電流密度は，飽和電流密度 J_s で規格化されている．J_s は，ショットキー障壁高さ $q\phi_B$ で決定される．$q\phi_B$ が大きいほど，逆バイアス飽和電流値は小さい．したがって，ショットキーダイオードでは，$q\phi_B$ の評価がしばしば行われる．J_s を測定し，式 (9・24) より $q\phi_B$ を求める．J_s の求め方には2通りある．

① 逆方向飽和電流値の測定

問題は，逆方向の電流にはしばしば他の要因による電流が加わることである．もともと J_s の値は小さいので，その影響は大きい．

② 順方向電流測定値から求める

$qV_a \gg kT$ のとき，式 (9・23) の括弧内の (-1) は無視できる．また，このバイアス領域では，電流値は大きい．図 9・9 の片対数プロット上で直線となるバイアス電圧領域から $V_a = 0$ に外挿すると，その電流値が J_s になる．そのようすを，図 9・9 に破線で示した．

②の方法で求めた J_s を用い，式 (9・24)，(9・25) からショットキー障壁高さ $q\phi_B$ を求める方法が，主に用いられている．一方，図 9・6 に示したように，

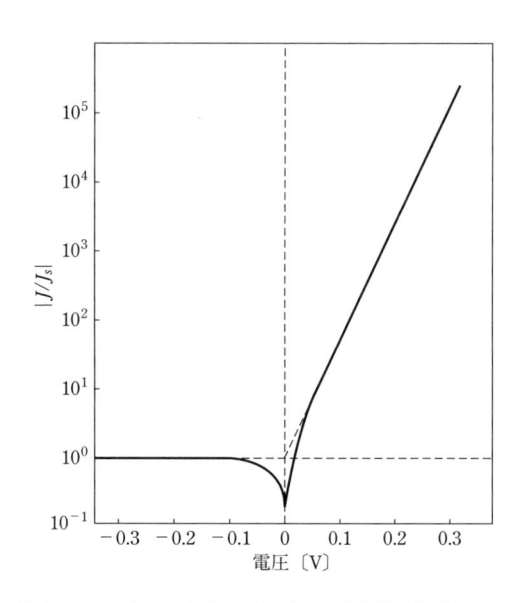

● **図 9・9** ショットキーダイオードの電流-電圧特性 ●

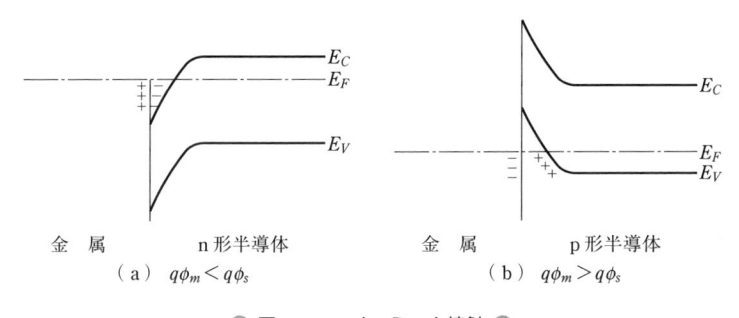

● 図9・10　オーミック接触 ●

$1/C^2$-V_a のプロットから ϕ_d と N_d が決定できる．この値を用い，式 (9・3) からも $q\phi_B$ を求めることができる．

　今まで求めた電流-電圧特性は，金属-n 形半導体の場合 $q\phi_m > q\phi_s$，また金属-p 形半導体の場合 $q\phi_m < q\phi_s$ に対してである．逆の場合はどうなるであろうか．**図 9・10** (a) に $q\phi_m < q\phi_s$ の金属-n 形半導体接触，同図 (b) に $q\phi_m > q\phi_s$ の金属-p 形半導体接触のエネルギーバンド図を示した．図 9・10 (a) の金属-n 形半導体接触では，金属側に正電荷，半導体側に電子が蓄積する．金属側に正の電圧を印加すると電子が半導体から金属に移動し，負の電圧を印加すると電子が金属から半導体に移動するが，電子の移動に大きな障壁はなく，いずれの極性に対しても電流が流れる．すなわち**オーミック特性**が得られる．図 9・10 (b) の金属-p 形半導体接触でも同様にオーミック特性が得られるが，流れる電流は正孔による．種々のデバイスから電流を取り出すには，このようなオーミック電極を作製しなければならない．図 9・1 に示したように，整流性を有する金属-半導体接触の半導体の反対側にオーミック電極を作製することにより，ダイオードとして働くことになる．

　もう一つのオーミック特性を有する金属-半導体接触の作製法に，半導体表面を高密度にドーパントを添加する方法がある．**図 9・11** に，n 形半導体についてそのようすを示した．整流性となる組合せでも，表面のドナー密度が高いため空乏層が狭く，トンネル効果により電子が移動できることになる．金属の選択の自由度があるため，実際のデバイスでは，トンネル効果を利用するオーミック接触がしばしば用いられる．

```
            ←  •                    E_C
    ─────────                        E_F

                                     E_V

      金　属        n形半導体
```

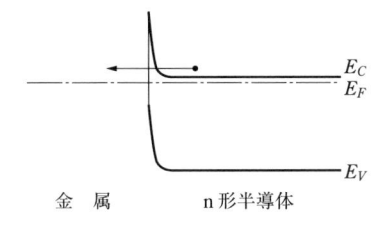

● 図 9・11　高密度ドーパント添加によるトンネル効果を
　　　　　　利用したオーミック接触 ●

まとめ

○金属-半導体接触には，整流性を示すショットキー接触とオーミック接触がある．
○ショットキー接触の条件；n形半導体：$q\phi_m > q\phi_s$，p形半導体：$q\phi_m < q\phi_s$
○ショットキー接触の容量-逆方向電圧特性

$$C = \frac{\varepsilon_s}{w} = \sqrt{\frac{q\varepsilon_s N_d}{2(\phi_d - V_a)}}$$

○$\dfrac{1}{C^2} = \dfrac{2(\phi_d - V_a)}{q\varepsilon_s N_d}$ から，ϕ_d と N_d が決定できる．

○ショットキー接触の電流-電圧特性

$$J = J_s \left\{ \exp\left(\frac{qV_a}{kT}\right) - 1 \right\}$$

$$J_s = A^* T^2 \exp\left(-\frac{q\phi_B}{kT}\right) \qquad A^* = \frac{4\pi q m^* k^2}{h^3}$$

○オーミック接触の条件；n形半導体：$q\phi_m < q\phi_s$，p形半導体：$q\phi_m > q\phi_s$
○オーミック接触を得る方法として，表面を過剰にドープして空乏層を狭くし，トンネル効果を使用する方法がある．

演習問題

問1 金の仕事関数は 5 eV,シリコンの電子親和力は 4.2 eV である.n 形シリコンの仕事関数が 4.4 eV のとき,この接触はショットキー接触となるか.p 形シリコンの仕事関数が 5.1 eV のときはどうなるか.

問2 比誘電率が 11.7 で,ドナー密度が 1×10^{15} cm^{-3} である半導体を用いてショットキー接触を作製した.ゼロバイアスのときの空乏層幅を求めよ.また,単位面積当たりの容量を計算せよ.$\phi_d = 0.6$ V とする.

問3 有効質量 $m^* = 0.2 m_0$ のときのリチャードソン係数を求めよ.次に,$T = 300$ K,$q\phi_B = 0.8$ eV のショットキー接触の飽和電流密度 J_s を計算せよ.

問4 リチャードソン係数が未知であるショットキー接触の障壁高さを求める方法を考えよ.

10章
金属-絶縁体-半導体（MIS）構造

9章では，金属と半導体接触について学んだ．金属と半導体の間に絶縁体を挟むと，どんな振舞いをするであろうか（MIS構造）．絶縁体が間にあるのであるから，絶縁性が良好であれば電圧を印加しても電流は流れないであろう．電磁気学から，絶縁体を2枚の金属で挟むとコンデンサとして働くことがわかっている．実際，MIS構造はコンデンサとして働き，半導体メモリの構成要素として使用される．また，金属-半導体界面に，タイプと異なる電荷を誘起することができる（反転）．この電荷を絶縁体-半導体界面に沿って移動させることにより，トランジスタとしても使える．本章では，MIS構造のコンデンサとしての振舞いと反転について説明する．

1 理想MIS構造について学ぼう

〔1〕 蓄積・空乏・反転

金属（metal）-絶縁体（insulator）-半導体（semiconductor）構造は，それぞれの頭文字をとって**MIS構造**とよばれる．**図10・1**にその概略を示す．金属側電極は，この構造を使ってつくられるトランジスタとの関係で，しばしば**ゲート（gate）電極**といわれる．

半導体側を基準にしてゲート電極に正から負の電圧を印加するとどうなるか，考えてみよう．金属-半導体接触と同様，MIS構造でも金属，絶縁体，半導体の組合せは重要である．ここでは金属と半導体の仕事関数は等しいとし，また絶縁

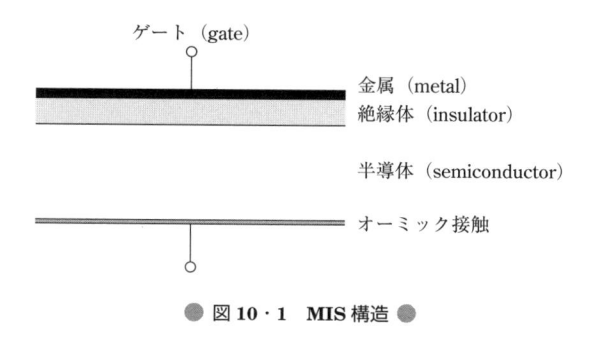

● 図10・1 MIS構造 ●

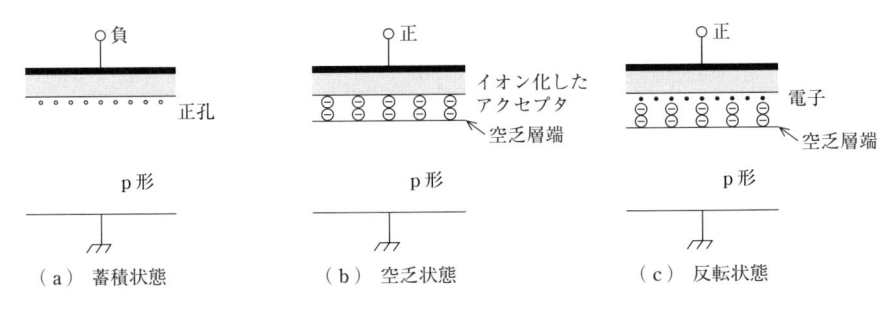

10章　金属-絶縁体-半導体（MIS）構造

●　図10・2　p形半導体のMIS構造にゲート電圧を印加したときのようす　●

体中および絶縁体-半導体界面での電荷は考えない（**理想MIS構造**）．これらの点については，本章2節で説明する．

図10・1で，半導体はp形としよう．この構造にゲート電圧を印加したときのようすを**図10・2**に示した．ゲート電圧V_Gが負のときは，金属側は負の電荷が，また半導体側には正孔が絶縁体-半導体界面に引き寄せられて，正の電荷が蓄積する．したがって，p形半導体は界面でよりp形，すなわちp$^+$となる．この状態を**蓄積**（accumulation）**状態**という（図10・2 (a)）．V_Gを正にしていくと正孔は界面より遠ざけられ空乏層が形成される．これを**空乏**（depletion）**状態**という（図10・2 (b)）．さらに正の電圧を加えていくと，界面に電子が誘起されるようになりp形中にn形導電層が形成されたことになる．これを**反転**（inversion）**状態**といい（図10・2 (c)），この構造の最も大きな特徴である．トランジスタは反転状態で働く．pn接合，ショットキー接合と異なり，電圧を印加しても電流は流れない．絶縁体が金属，半導体の中にあるからであり，これにより蓄積状態では正の電荷が，反転状態では負の電荷が絶縁体-半導体界面にとどまることになる．

半導体がn形のときは，蓄積状態では電子による負の電荷が，反転状態では正孔による正の電荷が絶縁体-半導体界面に誘起される．

次に図10・2の各状態のエネルギーバンド図について考察する．理想MIS構造を考えているので金属材料とシリコンの仕事関数は等しく，三つの材料を接触させたときのエネルギーバンド図は**図10・3**のようになる．$q\phi_m$, $q\phi_s$はそれぞれ金属，半導体の仕事関数，E_{FM}, E_{FS}はそれぞれ金属，半導体のフェルミ準位，E_iは真性フェルミ準位，$q\chi$は半導体の電子親和力である．理想MIS構造を考え

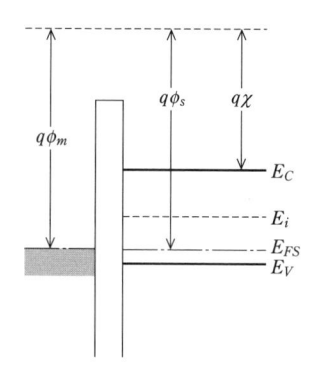

● 図 10・3　熱平衡状態における理想 MIS 構造のエネルギーバンド図 ●

ているので，p 形シリコンのエネルギーバンドは曲がらない．この状態を**フラットバンド**とよぶ．実際の MIS 構造では仕事関数の差，さらには絶縁体膜中あるいは界面での電荷によりフラットバンドの条件から外れていく．

　図 10・4 は MIS 構造に電圧を印加したときのエネルギーバンド図および電荷分布である．図 10・4 (a) は，ゲート電圧 V_G を負側にしたとき，すなわち蓄積状態の場合である．$q|V_G|$ だけ金属側のフェルミ準位が上昇し，半導体側ではエネルギーバンドは界面付近で上側に曲がることになる．また，界面近傍ではフェルミ準位は価電子帯に接近し，p^+ 層が形成されていることを示している．

　図 10・4 (b) は，ゲート電圧 V_G を正側にしたとき，すなわち空乏状態の場合である．qV_G だけ金属側のフェルミ準位が下がり，半導体側ではエネルギーバンドは界面付近で下側に曲がる．また，界面付近で空乏層が形成される．

　図 10・4 (c) は，ゲート電圧 V_G をさらに正側にしたとき，すなわち反転状態の場合である．エネルギーバンドは界面付近でさらに下側に曲がる．フェルミ準位は，界面近傍でエネルギーバンドの中央を越えて伝導帯に近く，反転して n 形導電層が形成されたことを示している．また，n 形導電層の奥には空乏層が形成されている．反転層形成のためのキャリヤは空乏領域での電子・正孔対の発生および半導体中性領域からの少数キャリヤ拡散による．発生したキャリヤのうち電子は電圧の極性により界面に集まるが，正孔は遠ざけられ，反転層が形成されることになる．反転層形成にいたる過程については，さらに本章 3 節で説明する．

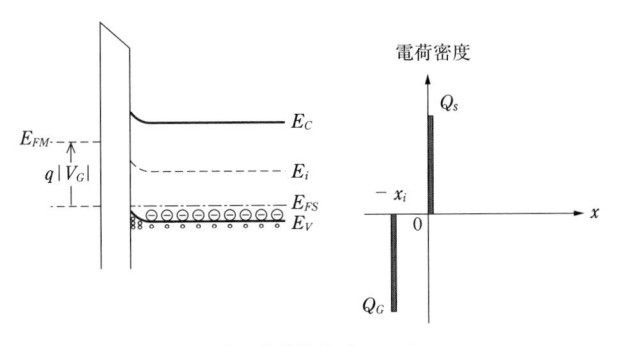

(a) 蓄積状態 ($V_G < 0$)

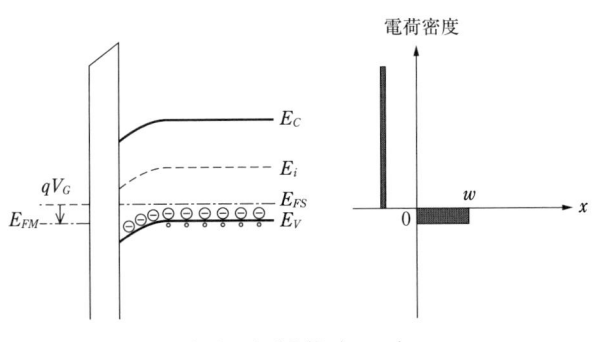

(b) 空乏状態 ($V_G > 0$)

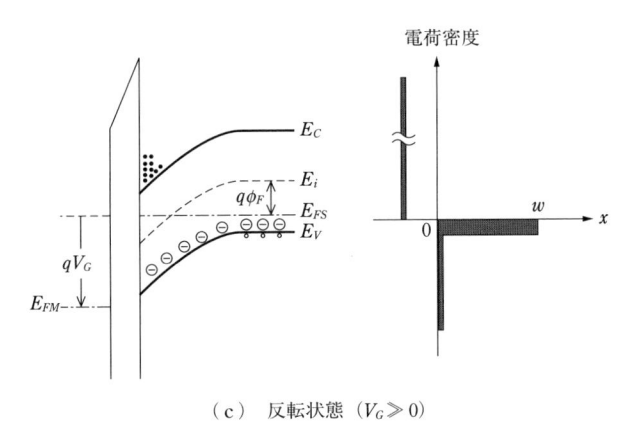

(c) 反転状態 ($V_G \gg 0$)

● 図 10・4　MIS 構造に電荷を印加したときのエネルギーバンド図，電荷分布 ●

〔2〕 電圧−MIS 容量特性のふるまい

MIS 構造は，金属と半導体に絶縁体が挟まれたコンデンサの構造をしている．蓄積，空乏，反転状態に分けて，MIS 構造の静電容量を求める．半導体は p 形とする．

蓄積状態では，絶縁体-界面に正孔が蓄積し，p^+ 層が形成されている．電荷分布は図 10・4 (a) に示した．このときの MIS 構造は，絶縁体膜を金属で挟んだ平行平板コンデンサと同等と考えられる．絶縁体膜厚を x_i，その誘電率を ε_i とすると，単位面積当たりの MIS 容量 C は絶縁体膜容量 C_i と等しくなり

$$C = C_i = \frac{\varepsilon_i}{x_i} \tag{10・1}$$

となる．

空乏状態では，絶縁体膜容量に pn，ショットキー接合で考えた空乏層容量が加わってくる．電圧のかかり具合から二つの容量は直列接続となることがわかる．空乏層近似を用いると半導体側のポアソンの方程式は，その誘電率を ε_s，アクセプタ密度 N_a，電位を $\phi(x)$ とすると

$$\frac{d^2\phi(x)}{dx^2} = \frac{qN_a}{\varepsilon_s} \tag{10・2}$$

となる．空乏層幅を w とし，ここでの電界が 0 の境界条件を用いると

$$E = -\frac{d\phi(x)}{dx} = -\frac{qN_a}{\varepsilon_s}(x-w) \tag{10・3}$$

である．w を電位の基準とし，式 (10・3) を解くと，電位 $\phi(x)$ は

$$\phi(x) = \frac{qN_a}{2\varepsilon_s}(x-w)^2 \tag{10・4}$$

となる．式 (10・4) より，界面 ($x=0$) での電位 ϕ_s (**表面ポテンシャル**とよぶ)，すなわち半導体側の電位降下は

$$\phi_s = \frac{qN_a}{2\varepsilon_s}w^2 \tag{10・5}$$

となる．図 **10・5** に，空乏状態での (a) 電荷密度分布，(b) 電界分布，(c) 電位分布を示した．ゲート電圧 V_G は，絶縁体膜での電圧降下 V_i と半導体側の電位降下 ϕ_s の和となる．すなわち

$$V_G = V_i + \phi_s \tag{10・6}$$

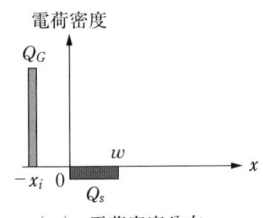

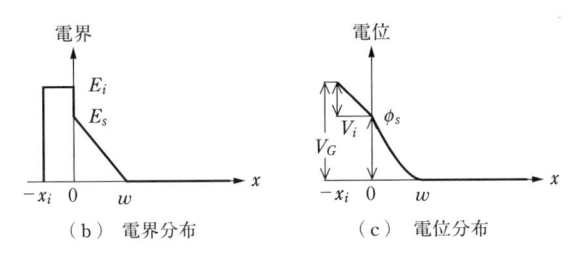

10章 金属-絶縁体-半導体（MIS）構造

● 図10・5　空乏状態（$V_G>0$）での電荷密度分布，電界分布，電位分布 ●

である．界面での電束密度は理想 MIS 構造を考えているので連続である．絶縁体膜の電界を E_i，半導体側界面での電界を E_s とすると

$$\varepsilon_i E_i = \varepsilon_s E_s \tag{10・7}$$

が成立する．したがって，絶縁体膜中での電圧降下は

$$V_i = x_i E_i = x_i \frac{\varepsilon_s E_s}{\varepsilon_i} = x_i \frac{qN_a w}{\varepsilon_i} \tag{10・8}$$

式（10・8）は，Q_s を空乏層中の単位面積当たりの電荷密度とする，$E_s = -Q_s/\varepsilon_s$，$Q_s = -qN_a w$ の関係からも直ちに求まる．ゲート電極の単位面積当たりの電荷密度 Q_G は反対符号で，$Q_G = -Q_s$ になる．

式（10・8）に絶縁体膜容量を与える式（10・1）を用いると

$$V_i = \frac{qN_a w}{C_i} \tag{10・9}$$

が得られ，式（10・5），（10・6）から

$$V_G = \frac{qN_a w}{C_i} + \frac{qN_a}{2\varepsilon_s} w^2 \tag{10・10}$$

が得られる．空乏層容量 C_s は，$C_s = \varepsilon_s/w$ であり，また MIS 容量は絶縁体膜容量と空乏層容量の直列接続，すなわち

$$\frac{1}{C} = \frac{1}{C_i} + \frac{1}{C_s} \tag{10・11}$$

であるので，式（10・10），（10・11）より w を消去して

$$C = \frac{C_i}{\sqrt{1 + \dfrac{2C_i^2 V_G}{q\varepsilon_s N_a}}} \tag{10・12}$$

が得られる．V_G が増すにつれて，MIS 容量は減少することがわかる．これは，V_G の増加により空乏層幅が大きくなり，空乏層容量が減少するためである．

　V_G をさらに増すと反転層が形成されてくるが，ここで反転層形成の条件について考えてみる．半導体の電位 $\phi(x)$ は半導体中性領域を電位 0 の基準と考えているので

$$\phi(x) = \frac{E_i - E_i(x)}{q} \tag{10・13}$$

となる．E_i は中性領域における真性フェルミ準位である．また，図 10・4 (c) に示すように，中性領域における真性フェルミ準位とフェルミ準位のエネルギー差に対応する電位 ϕ_F（フェルミポテンシャル）を定義する．

$$\phi_F = \frac{E_i - E_{FS}}{q} \tag{10・14}$$

　式（10・13），（10・14）を用いると，電子密度は

$$n = n_i \exp\left\{\frac{E_{FS} - E_i(x)}{kT}\right\} = n_i \exp\left[\frac{q\{\phi(x) - \phi_F\}}{kT}\right] \tag{10・15}$$

となる．正孔密度は

$$p = n_i \exp\left[-\frac{q\{\phi(x) - \phi_F\}}{kT}\right] \tag{10・16}$$

となる．中性領域では $\phi(x) = 0$ であり，また $p = N_a$ であるので，式（10・16）より ϕ_F が

$$\phi_F = \frac{kT}{q} \ln\left(\frac{N_a}{n_i}\right) \tag{10・17}$$

と求まる．反転の条件は界面の電子密度 $n_s\ (x=0)$ が p 形の正孔密度に等しくなったときと考えると，式（10・15），（10・16）より

$$\phi_s = 2\phi_F \tag{10・18}$$

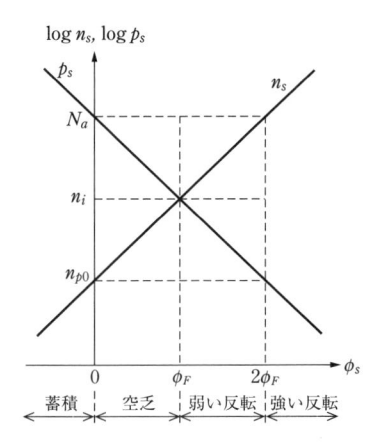

● 図 10·6　表面電子濃度 n_s および表面正孔濃度 p_s と表面ポテンシャル ϕ_s との関係 ●

である．

図 10·6 に，半導体表面電子密度 n_s，表面正孔密度 p_s と表面ポテンシャル ϕ_s との関係を示した．ϕ_s が ϕ_F を超えると n_s は p_s よりも大きくなるが，$2\phi_F$ 内では N_a を超えない．この範囲を**弱い反転**という．ϕ_s が $2\phi_F$ を超えたところでは，n_s が N_a を超える．この範囲を**強い反転**とよぶ．一方，ϕ_s が 0 と ϕ_F の間にあるときは空乏領域であり，負に入ると p_s が N_a を超え，蓄積領域となる．$\phi_s = 0$ はフラットバンド条件である．

反転領域に入ると，$Q_G = -Q_s$ はさらに増加するが，Q_s の増分のほとんどは n_s による．これは，式 (10·15) あるいは図 10·6 よりわかるように，n_s は ϕ_s の指数関数であるので，ϕ_s のわずかな変化で急激に増加するからである．このとき，式 (10·5) から空乏層幅が変化しないこともわかる．したがって，反転状態で空乏層幅は最大となり

$$w_{\max} = \sqrt{\frac{2\varepsilon_s (2\phi_F)}{qN_a}} \quad (10·19)$$

となる．そして反転状態の MIS 容量は，空乏層容量 C_s が $C_s = \varepsilon_s/w_{\max}$ で与えられる一定値となる．式 (10·9)，(10·19) を用いるとこのときの V_i が求められ，反転となるゲート電圧 V_{th}（**しきい値電圧**という）が次式のように与えられる．

$$V_{\mathrm{th}} = \frac{\sqrt{2\varepsilon_s (2\phi_F) qN_a}}{C_i} + 2\phi_F \quad (10·20)$$

2 実際のMIS構造のフラットバンド電圧はどのように変わるか

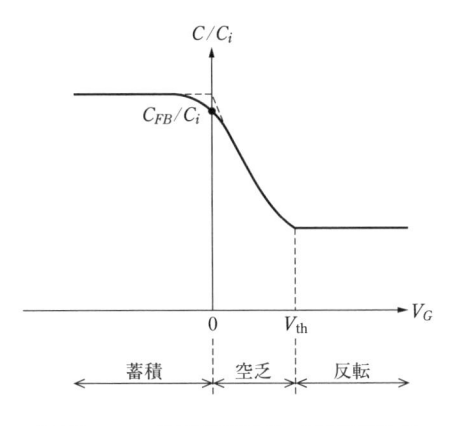

●図 10・7 MIS容量のゲート電圧特性●

図 10・7 に MIS 容量のゲート電圧特性を示した．蓄積，空乏，反転領域に分けて求めたので，容量-電圧特性を図 10・7 のように図示した．実際は蓄積領域から空乏領域に，また空乏領域から反転領域に急激に変化するわけではないので，図に実線で示した特性が得られる．$V_G = 0$ のときは，フラットバンド条件にあるので，そのときの MIS 容量を**フラットバンド容量** C_{FB} という．実際の MIS 構造では，フラットバンド容量 C_{FB} となるゲート電圧は，一般に 0 V ではない．

2 実際のMIS構造のフラットバンド電圧はどのように変わるか

前節では，理想 MIS 構造を取り扱った．理想 MIS 構造の条件は

① 金属と半導体の仕事関数が等しいこと
② 絶縁体膜中には電荷がないこと
③ 絶縁体-半導体界面の界面準位は無視できること

であった．フラットバンド条件を満足しているときの MIS 容量はフラットバンド容量 C_{FB} となり，そのときのゲート電圧を**フラットバンド電圧** V_{FB} とよぶ．理想 MIS 構造では，V_{FB} は 0 V である．本節では，上記①，②，③が，MIS 構造にどのような効果を与えるかを説明する．その効果が，容量-電圧特性を変化させ，V_{FB} が 0 V から外れていくことを示す．

〔1〕 仕事関数

図 10・8 に，半導体は p 形で，$q\phi_m < q\phi_s$ の場合のエネルギーバンド図を示した．$V_G = 0$ ですでにエネルギーバンドは反転側に曲がって，あたかも $(\phi_s - \phi_m)$

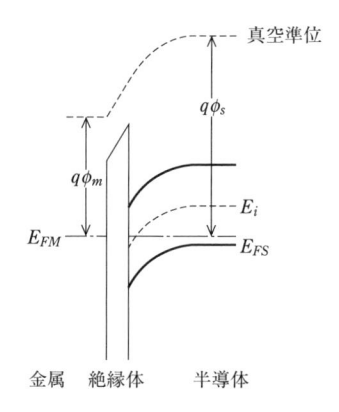

● 図 10・8 仕事関数差（$\phi_m < \phi_s$）があるときの，熱平衡状態におけるMIS構造のエネルギーバンド図 ●

の正の電圧が印加されているようになっている．したがって，このような場合には，フラットバンド条件を満たすには負の電圧を印加しなければならない．V_{FB} は負電圧であり，金属と半導体の仕事関数差である．仕事関数に違いがあるとき，その差 V_{FB} 分，容量‐電圧曲線は理想 MIS 構造の曲線から平行に移動する．

〔2〕 **絶縁膜中電荷**

絶縁膜中に電荷があると，仕事関数差の場合と同様，半導体表面でエネルギーバンドが曲がる．たとえば，シリコン MOS 構造（絶縁体は酸化膜）の酸化膜中電荷の原因は Na^+，K^+ などの正イオンであることが多い．この電荷により半導体表面に電子が誘起され，エネルギーバンドは下側に，すなわち p 形では反転側に曲がることになる．

原点を金属と絶縁体膜の界面におき，x の正方向を絶縁体膜側にとり，電荷密度 $\rho(x)$ で絶縁体膜中に電荷が分布しているとすると，半導体表面に誘起される電荷密度は

$$Q = -\int_0^{x_i} \frac{x}{x_i} \rho(x) dx \tag{10・21}$$

で与えられる．この電荷により半導体表面は

$$V_{ion} = -\frac{Q}{C_i} = \frac{1}{C_i} \int_0^{x_i} \frac{x}{x_i} \rho(x) dx \tag{10・22}$$

の電圧がかかっていることになる．そして，式 (10・21) の符号を変えた電圧が，フラットバンド電圧への寄与分となり，その分だけ容量‐電圧曲線は理想 MIS

の曲線から平行移動する．式 (10・21)，(10・22) からわかるように，絶縁体膜中電荷は絶縁体膜・半導体界面に近いほうが，誘起電荷にまた V_{FB} に与える影響は大きい．また，Na^+，K^+ イオンは外部から加えられた電界で酸化膜中を移動することが知られている．イオンの量が同じでも位置によりフラットバンド電圧に与える効果が異なるので，容量-電圧曲線がイオンの動きにつれ，左右に平行に移動することになる．

〔3〕 **界面準位**

絶縁膜-半導体界面には半導体禁制帯内にエネルギー準位を有する**界面準位**が存在することが知られている．界面準位は伝導帯電子や価電子帯正孔を捕まえたり，放出したりする．このような界面準位に捕らえられた電荷は絶縁膜中電荷同様フラットバンド電圧を変え，MIS 容量-電圧曲線を移動させることになる．界面電荷密度を Q_{ss} とすると，その寄与 V_{ss} は

$$V_{ss} = -\frac{Q_{ss}}{C_i} \tag{10・23}$$

と表される．しかしながら，界面準位密度には一般に半導体禁制帯内でエネルギー分布があり，印加電圧による表面フェルミ準位の移動により界面電荷密度は変化する．界面準位の容量-電圧曲線に与える影響は，界面準位密度のエネルギー分布を反映したものになり，絶縁体膜中電荷と異なり容量-電圧曲線の形そのものを変える．さらに，界面準位の電荷放出・捕獲時定数と容量測定周波数の関係から，測定周波数にも依存する．

以上をまとめると，理想 MIS 構造のフラットバンド電圧 V_{FB} は 0 であるが，実際の MIS 構造では

$$V_{FB} = \phi_{ms} - \frac{1}{C_i}\int_0^{x_i}\frac{x}{x_i}\rho(x)dx - \frac{Q_{ss}}{C_i} \tag{10・24}$$

と表される．なおここでは，界面準位密度のエネルギー分布は考えていない．しかしながら，理想 MIS 容量-電圧曲線が，**図 10・9** (a) に示したように，V_{FB} 分平行に移動するだけであり，そのことを考慮すれば前節の結果はそのまま使える．ゲート電圧 V_G が 0 でも，すでに V_{FB} が印加されていることと等価であり，式 (10・6) を

$$V_G - V_{FB} = V_i + \phi_s \tag{10・25}$$

と変更すればよい．したがって，反転のしきい値電圧 V_{th} は

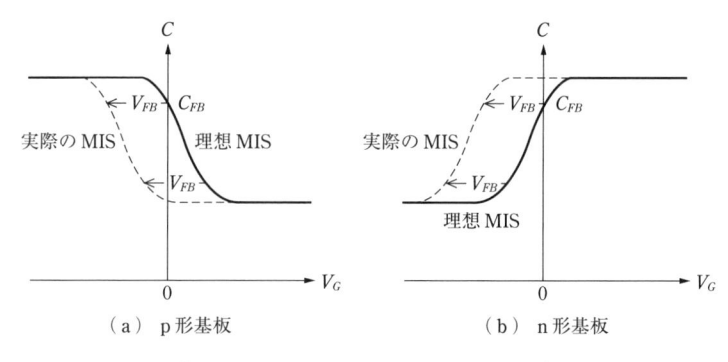

● 図10・9 実際のMIS容量-電圧曲線 ●

$$V_{th} = \frac{\sqrt{2\varepsilon_s(2\phi_F)qN_a}}{C_i} + 2\phi_F + V_{FB} \qquad (10 \cdot 26)$$

となる．MIS容量-電圧曲線の理想曲線からのずれ V_{FB} は，MIS構造の良否の目安を与える．図10・9(b) には，n形半導体を用いたMIS構造の容量-電圧曲線も示した．

3 MIS構造の過渡応答と反転について学ぼう

本章1, 2節では，定常状態でのMIS特性について説明した．本節ではp形半導体を例にとり，反転に至る過程について述べ，MIS容量の過渡応答について説明する．以下に示すことは当初MOS構造に適用されたので，MOSを念頭に置き，説明する[6], [7]．

図10・10 は，蓄積側から反転側にゲート電圧をパルス的に変化させたときのMOS容量の過渡応答のようすを示した[6]．反転側に電圧を変化させると，最初空乏層が形成され，その後反転層が形成され，MOS容量は定常値 C_F に到達する．

反転層形成のための少数キャリヤは（この場合は電子），半導体バルクおよび界面の発生・再結合中心からの電子・正孔対の生成と中性領域での少数キャリヤの拡散によるものである．図10・11 にそのようすを示した．蓄積側から反転側にゲート電圧をパルス的に変えると，表面側は空乏化する．したがって，界面準位①とバルク発生・再結合中心②は発生中心として働き，電子・正孔対を生成させる．多数キャリヤである正孔は電界により空乏層からバルク側に向かうが，少数キャリヤである電子は界面側に向かい，反転層を形成させる．③は，少数キャ

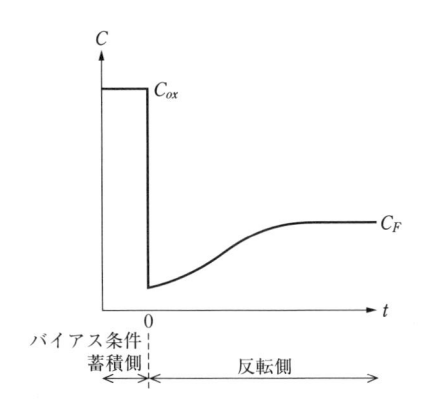

● 図 10・10　蓄積側から反転側へ電圧をパルス的に変えたときの MOS 容量の過渡応答[6]

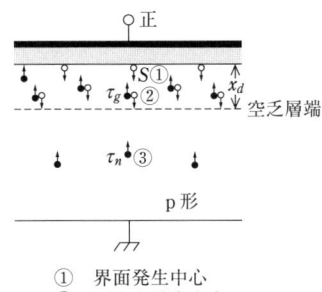

● 図 10・11　少数キャリヤ発生機構[8]

① 界面発生中心
② バルク発生中心
③ 拡散

リヤの拡散を示している．空乏層端では少数キャリヤ密度は 0 であり，空乏層奥のバルク中性領域との間に密度勾配が形成され，拡散による少数キャリヤの流れが生ずる．③は高温で重要になるので，ここでは①，②の寄与を考慮したときの結果について示す．ゼルプストは，MIS 容量の過渡応答を次式のようにまとめた．

$$-\frac{d}{dt}\left(\frac{C_{ox}}{C}\right)^2 = \frac{2n_i C_{ox}}{N_a}S + \frac{2n_i C_{ox}}{N_a}\frac{1}{\tau_g}\left(\frac{C_F}{C}-1\right) \tag{10・27}$$

ここで，C_{ox} は酸化膜容量，S は表面再結合速度（界面準位によるキャリヤ生成率），τ_g はバルクキャリヤ発生寿命である．式 (10・27) に従って，縦軸に式 (10・27) の左辺，横軸に $(C_F/C-1)$ でプロットすると，**図 10・12** のように直線領域が得られる．縦軸の切片は表面再結合速度に関係し，直線の傾きはバルク

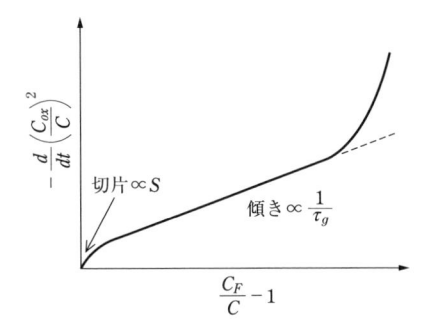

● 図 10・12　ゼルプストプロット

キャリヤ発生寿命 τ_g に関係している．図 10・12 の形のプロットは，**ゼルプストプロット**として知られており，S, τ_g の評価法として使用されている．MIS デバイス評価法として重要である．

まとめ

○ MIS 構造は，バイアス条件により蓄積，空乏，反転状態が形成される．
○ MIS 容量は，蓄積領域では絶縁体膜容量となり，空乏領域では絶縁体膜容量と半導体空乏層容量の直列接続となる．反転領域では，絶縁体膜容量と最大空乏層で与えられる空乏層容量の直列接続となり，一定値となる．
○ フラットバンド電圧は，金属-半導体間仕事関数差，絶縁体膜中電荷，界面準位により 0 V（理想 MIS 構造）からずれる．
○ 実際の p 形基板の MIS 構造の反転層形成のしきい値電圧は

$$V_{\mathrm{th}} = \frac{\sqrt{2\varepsilon_s(2\phi_F)qN_a}}{C_i} + 2\phi_F + V_{FB}$$

n 形基板の MIS 構造の反転層形成のしきい値電圧については，本章演習問題問 2 参照．
○ 反転に至る MIS 容量過渡応答は，MIS デバイス評価法として重要である．

演習問題

問 1 n 形半導体を基板として用いた MIS 構造の蓄積，空乏，反転状態のエネルギーバンド図を示せ．

問 2 n 形半導体を基板として用いた MIS 構造のしきい値電圧を示せ．

問 3 p 形シリコンの $N_a = 1 \times 10^{15}$ cm^{-3}，酸化膜厚 50 nm の理想 MOS について，次の値を求めよ．酸化膜，シリコンの比誘電率は，それぞれ 3.8，11.7 である．温度は 300 K とする．
  (1) 単位面積当たりの酸化膜容量
  (2) 反転時の半導体表面電位
  (3) 反転状態での最大空乏層幅，およびそのときの単位面積当たりの MOS 容量
  (4) しきい値電圧

問 4 アルミニウムの仕事関数を 4.1 eV，シリコンの電子親和力を 4.2 eV とする．アクセプタ密度が 1×10^{15} cm^{-3} の p 形シリコンの場合の金属-半導体の仕事関数差を，温度 300 K において求めよ．シリコンの禁制帯幅は 1.1 eV とする．また，ドナー密度が 1×10^{15} cm^{-3} の n 形シリコンの場合の仕事関数差についても求めよ．

11章

半導体の光学特性

　物質には色がある．半導体においても透明な窒化ガリウム（GaN）やグレーの金属光沢をもったシリコン（Si）などさまざまである．単純に考えれば物質に入った光が出てくる際に，ある特定の成分だけが相対的割合が増え，その増えたところの波長の色が眼に強く感じられる．このことには，3，4章において学んだエネルギーバンド構造や不純物準位が大きく寄与しており，これらを含めた光の吸収や放出，反射といった内容と密接に関係がある．そこで，この章では光の吸収や放出，遷移について考えていく．

1　光の吸収と放出のしくみを学ぼう

〔1〕　光の吸収

　通常光を表す場合には，波長（単位は主に nm，赤外領域では μm）が用いられる．しかし，光の特徴を表すには，波長，周波数，エネルギーのどれを用いてもよく，エネルギーは周波数に正比例し，エネルギーと周波数はいずれも波長に反比例する．次式は波長 λ とエネルギー E の関係を示したものである．

$$E \, [\text{eV}] \approx \frac{1\,240}{\lambda \, [\text{nm}]} \tag{11・1}$$

　ここからは，光をエネルギーとして考えていくことにする．

　3章で学んだように，価電子帯と伝導帯の間にはエネルギー差（バンドギャップ）があり，真性半導体で絶対零度の場合，価電子帯に電子が詰まった状態，伝導帯には空っぽの状態が形成される．この状態に光，つまりエネルギーを与えるとどうなるか？　エネルギーがバンドギャップよりも小さい光だと，**図11・1**(a)のように何も起こらずに通り抜けていくが，バンドギャップよりも大きなエネルギーが与えられると，価電子帯にいた電子がエネルギーを吸収し，伝導帯まで飛び越える（励起される）ようになる（図11・1(b)）．その際に，価電子帯において電子の抜けた後に正孔（ホール）が生成される．これが光の吸収（基礎吸収）である．これを電子が梯子を登る人にたとえて表すと**図11・2**のようになる．エネルギーの大きさを梯子の長さと考えるとバンドギャップに相当する長さ以上の

(a) 光エネルギーの透過 　　　　(b) 光エネルギーの吸収

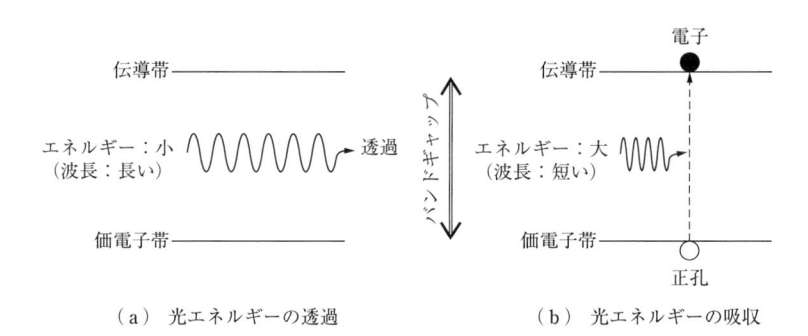

● 図 11・1　半導体における光エネルギーの透過と吸収 ●

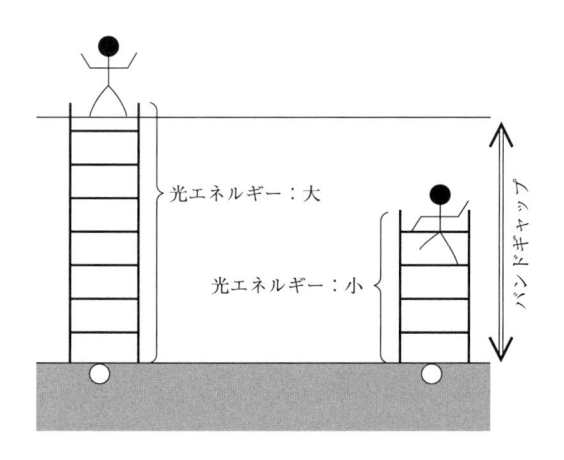

● 図 11・2　半導体における光エネルギーの透過・吸収の模式図 ●

梯子があれば，価電子帯から伝導帯に梯子がかかり，電子が伝導帯に昇っていける．

　エネルギーバンド構造中には，不純物（ドナーやアクセプタ）による準位も存在し，これらも吸収に関係する．**図 11・3** は，これら不純物に関与した吸収を含めた，いろいろな吸収を示している．

　さて，半導体に光が入射すると，**図 11・4** のように光の一部は反射し，残りが侵入・透過していく．入射光の強度を $I(0)$ とし，反射係数を R とすると，侵入した光の強度は $(1-R)I(0)$ となる．今，半導体表面から x の位置での光強度を $I(x)$ とすると，位置 x における光強度の変化はその位置における光強度に比例するので

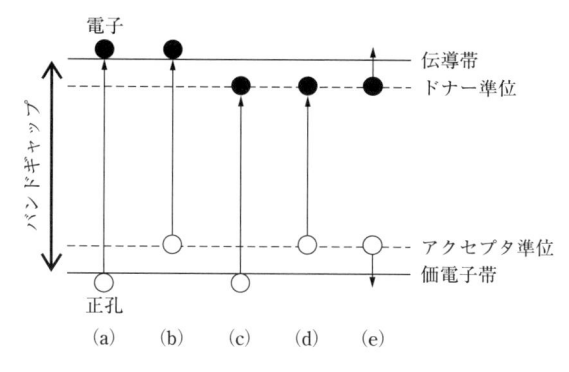

1 光の吸収と放出のしくみを学ぼう

(a) 価電子帯・伝導帯間吸収（基礎吸収）
(b) アクセプタ・伝導帯間吸収
(c) 価電子帯・ドナー間吸収
(d) 不純物（局在準位）間吸収
(e) 不純物吸収

● 図 11・3　半導体における種々の遷移 ●

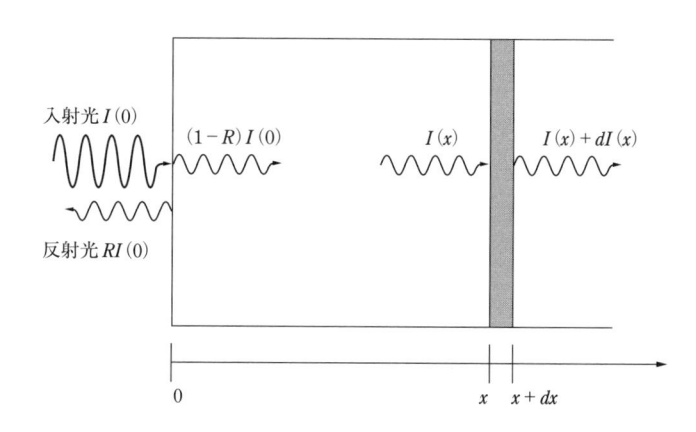

● 図 11・4　半導体における光の入射光強度の変化 ●

$$dI(x) = -\alpha I(x)\,dx \tag{11・2}$$

となる．ここで，α は吸収係数とよばれる比例係数である．先の反射係数を含めて式 (11・2) を積分すると

$$I(x) = (1-R)I(0)\exp(-\alpha x) \tag{11・3}$$

となり，半導体内における光強度が位置に対して指数関数的に減少することがわかる．

　この吸収係数 α は物質によって異なり，金属ではほとんど吸収されずに反射される．一般的な半導体における α とエネルギーの関係を示した概略図を**図 11・5**に示す．ここで示した励起子吸収とは，電子励起状態において電子と正孔がクーロン引力によりペアを組んだ状態である励起子を生成する際に必要とするエネル

11章 半導体の光学特性

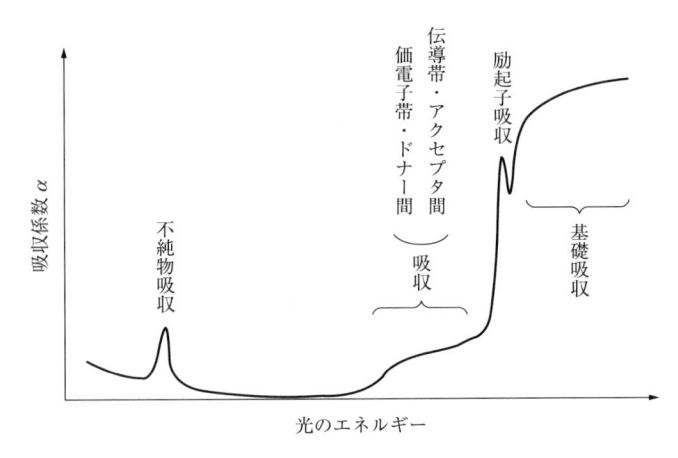

図11・5 半導体における吸収係数の入射光エネルギー依存性

(縦軸：吸収係数 α、横軸：光のエネルギー。不純物吸収、伝導帯・アクセプタ間／価電子帯・ドナー間吸収、励起子吸収、基礎吸収)

ギーの吸収を表し，そのエネルギーは電子・正孔間の束縛エネルギーの分だけ基礎吸収端であるバンドギャップよりも低く現れることが知られている．

〔2〕 光の放出

エネルギーを得た電子は，ある時間を経過した後にエネルギーを放出する．その放出の仕方には，さまざまあり，最も単純なものは，光などのエネルギーを吸収して価電子帯から伝導帯に上げられた電子が，ある程度時間が経過すると寿命が尽き，元の価電子帯に戻るというものである．この電子が伝導帯から価電子帯の元の場所に戻る（電子と正孔が結合することに相当する）現象を一般に**再結合**とよぶ（図11・6）．この再結合の際に，電子はエネルギーを失うことになるので，その失われたエネルギーが光として放出される．光によって励起された電子・正

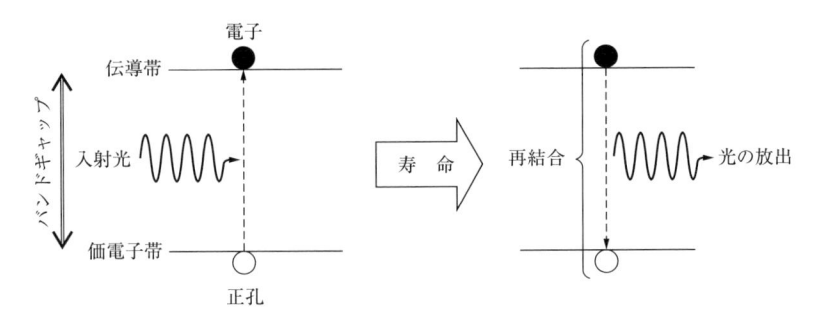

図11・6 半導体における励起，再結合および発光

孔対が再結合し光を発することを，**フォトルミネセンス**とよび，電界を印加して励起した場合の発光現象を**エレクトロルミネセンス**とよぶ．当然，この発光エネルギーの大きさ（バンドギャップ）によって，発光する波長が決まる．

また，他に電子がエネルギーを失う現象としては，価電子帯の正孔と再結合せずに，不純物などに捕らわれる現象や，電子が格子や不純物と衝突してエネルギーが奪われる（散乱）現象などがある．

❷ 直接遷移と間接遷移について学ぼう

電子が価電子帯から伝導帯へ遷移する場合には，エネルギー保存則と運動量保存則の両方を満たす必要がある．本章 1 節で述べたように，入射した光エネルギーが電子に与えられ，価電子帯から飛び出し伝導帯へと移る．これはエネルギー保存則である．一方，遷移する際に，励起される電子の運動量に変化がなければ直接遷移，運動量に変化がある場合は間接遷移とよぶ．

〔1〕 **直接遷移**

図 11・7（a）は，直接遷移形とよばれる半導体におけるエネルギーバンド構造を示したものである．横軸は電子の波数であり，運動量に相当する．このエネルギーバンド構造では，波数 0 の位置において価電子帯の頂上と伝導帯の底が一致しており，電子および正孔は，それぞれ伝導帯の底と価電子帯の頂上に集中する．このようなエネルギーバンド構造をもつ半導体にバンドギャップ E_g 以上のエネ

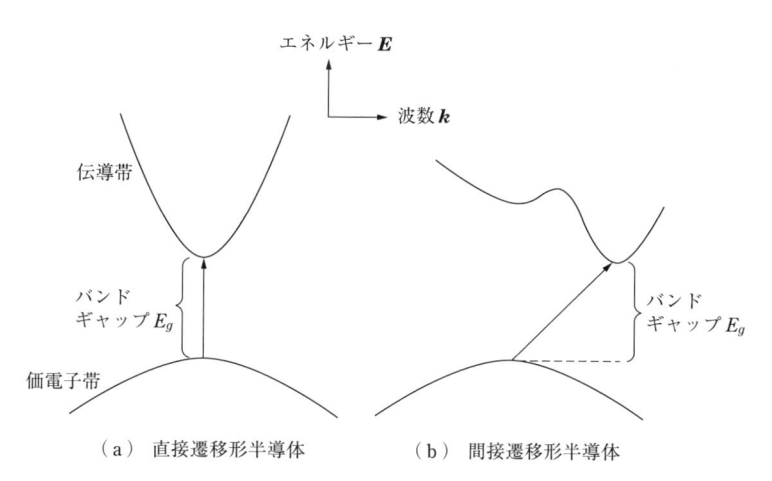

● 図 11・7　直接遷移形半導体と間接遷移形半導体における遷移 ●

ルギーをもつ光を入射すると,波数0において,電子が伝導帯に励起され,価電子帯には正孔が生成される.このとき,波数は変化していない,つまり電子の運動量は変化していないので,この遷移を**直接遷移**とよび,このような波数0において伝導帯の底と価電子帯の頂上が一致しているような半導体を**直接遷移形半導体**とよぶ.このような半導体の例としては,GaAs,GaN,InPなどがあげられる.

〔2〕 間接遷移

図11・7(b)は先の直接遷移形半導体とは異なり,波数0において価電子帯の頂上は存在するが,伝導帯の底は波数が0以外のところになっている.この半導体にE_g以上のエネルギーをもつ光を入射するとフォノンの放出,あるいは吸収を伴って波数を変化させて伝導帯の底へと励起される.ただし,この遷移は光の吸収,フォノンの吸収・放出が同時に起こらなければ成立しないために,遷移する確率は直接遷移形の半導体に比べて非常に低いものになっている.このような遷移を**間接遷移**とよび,波数0において伝導帯の底と価電子帯の頂上が一致していない半導体を**間接遷移形半導体**とよぶ.このような半導体の例としては,SiやGeなどがあげられる.

③ 光と電流の関係(光電効果)を学ぼう

〔1〕 光導電効果

本章2節において半導体にバンドギャップ以上のエネルギーをもつ光を照射すると,電子・正孔対が生成されることはわかった.このとき,**図11・8**のように半導体に電界を印加すると,半導体のバンドは電界により傾き,それに伴って生成された電子・正孔対はそれぞれ反対の方向に流れ出し,導電率が変化する.この現象を**光導電効果**とよぶ.光照射前に熱平衡状態において電界を印加した場合に流れる電流(暗電流)による導電率をσ_0($= ne\mu_n + pe\mu_p$;n,p,e,μ_n,μ_pはそれぞれ電子密度,正孔密度,電荷,電子移動度,正孔移動度)とした場合,光照射により$n \to n + \Delta n$,$p \to p + \Delta p$とそれぞれ変化するために,導電率の変化分$\Delta \sigma$は

$$\Delta \sigma = \sigma - \sigma_0 = e(\Delta n \mu_n + \Delta p \mu_p) \tag{11・4}$$

となる.ただし,簡単化のために移動度の変化は無視した.今,光を照射した際に,単位体積当たりの電子・正孔対の発生割合をgとし,簡単のために電子のみを考え,電子の寿命をτ_nとすると

3 光と電流の関係（光電効果）を学ぼう

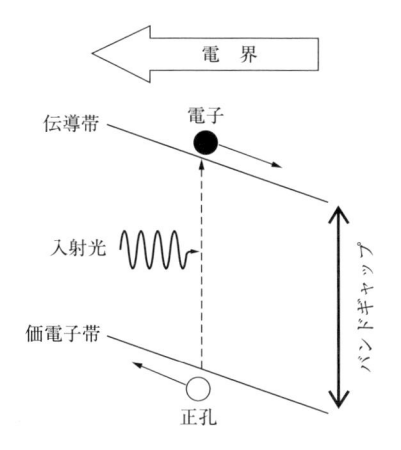

● 図 11・8　光導電効果 ●

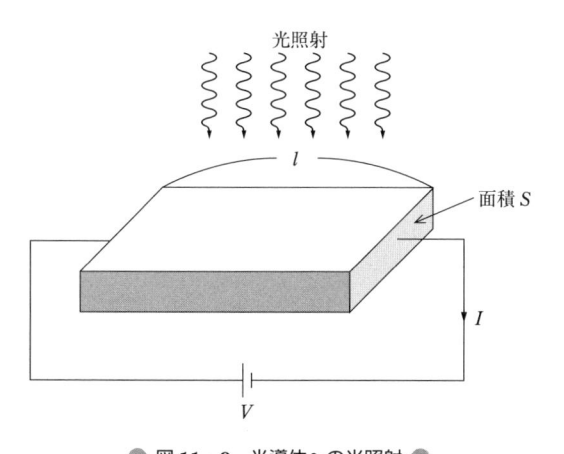

● 図 11・9　半導体への光照射 ●

$$\frac{d\Delta n}{dt} = g - \frac{\Delta n}{\tau_n} \tag{11・5}$$

と表すことができる．この式の定常状態を考えると左辺が 0 となり

$$\Delta n = g\tau_n \tag{11・6}$$

を得る．このことから，**図 11・9** のような半導体素子を考えた場合，流れる電流 I は

$$I = e\mu_n \Delta n \left(\frac{V}{l}\right) S \tag{11・7}$$

となる．ここで，V は印加電圧，l は電極間距離，S は断面積である．この式に式 (11・6) を代入し，正孔についても同じ考え方を導入すると

$$I = eg\left(\mu_n \tau_n + \mu_p \tau_p\right)\left(\frac{V}{l}\right)S = eg\left(\mu_n \tau_n + \mu_p \tau_p\right)\left(\frac{V}{l^2}\right)Sl = egGSl \quad (11\cdot8)$$

となり

$$G = \left(\mu_n \tau_n + \mu_p \tau_p\right)\left(\frac{V}{l^2}\right) \quad (11\cdot9)$$

である．この G を**光利得係数**（あるいは光導電の感度）とよび，受光素子における受光能力の目安を与える指標である．

〔2〕 光起電力効果 ■■■

これまでは，ある半導体に電界を印加した状態で光を照射すること，電流が流れることを学んだ．それでは，もともと半導体内部で電界が印加されているような半導体，つまり 7 章で学んだ pn 接合の半導体に対して光を照射した場合にはどのようになるだろうか？　図 11・10 (a) に pn 接合のエネルギーバンド図を示す．この pn 接合の接合部分に光を照射すると内部電界が存在するために，生成された電子・正孔対はポテンシャル障壁によって，電子は n 領域に，正孔は p 領域に移動する．したがって，電荷が分離されることになり起電力が発生する（図 11・10 (b) 参照）．これを**光起電力効果**とよぶ．

pn 接合の電流-電圧特性を**図 11・11** に示す．7 章で示したように，光を照射していない状態での逆バイアスでは，電流が流れずに，順バイアスでは電流が流れるようになる．次に光を照射すると，順バイアス時の電流の向きとは逆方向に，光励起されたキャリヤが流れるようになる．そのために，電流-電圧特性は，マイナス電流方向にシフトした形となる．このとき，バイアス 0 での電流を**短絡電流**とよび，電流が 0 のときの電圧を**開放電圧**とよぶ．

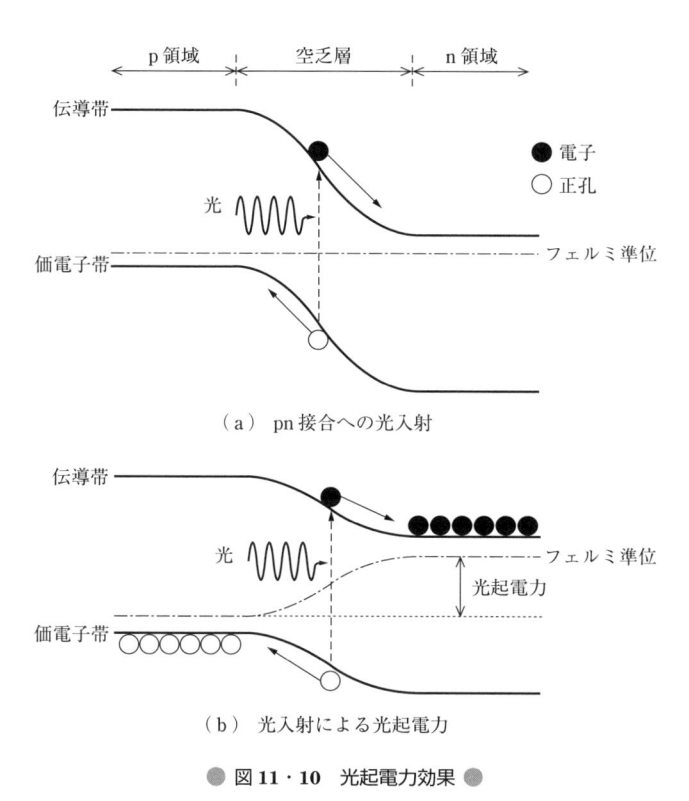

3 光と電流の関係（光電効果）を学ぼう

(a) pn接合への光入射

(b) 光入射による光起電力

● 図 11・10　光起電力効果 ●

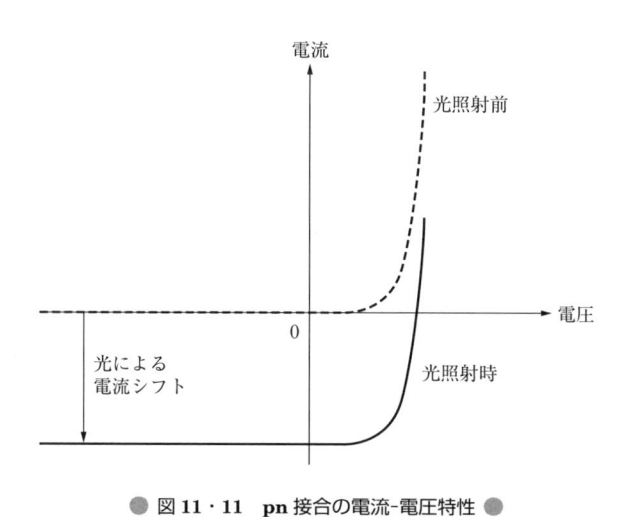

● 図 11・11　pn接合の電流-電圧特性 ●

ま と め

- 半導体における光の吸収あるいは放出という現象が，どのようなメカニズムで起こっているのかを述べた．
- ポテンシャル図を用いて価電子帯および伝導帯における電子・正孔の挙動について述べ，半導体のバンドギャップが光学遷移に大きく影響することを示した．
- 光学遷移に関して半導体には大きく分けて2種類（直接遷移，間接遷移）存在することを示した．
- 直接遷移と間接遷移の違いについて波数とポテンシャルの関係図を使って説明した．
- 半導体に光を照射することによって生じる現象（光導電効果，光起電力効果）について述べ，光と電流あるいは電圧の関係を示した．
- さまざまな光による現象は，12章の光デバイスにおいて重要な役割を果たしている．

演 習 問 題

問1 プランク定数ならびに光速の値を使って，式 (11·1) が正しいことを示せ．

問2 GaN のバンドギャップは室温で 3.4 eV である．このとき，GaN の基礎吸収端波長を求めよ．

問3 波長 800 nm の光に対して，シリコンと GaAs の吸収係数は，それぞれ 10^3 cm^{-1} および 10^4 cm^{-1} である．それぞれの材料において，侵入した光強度が同じになる距離（侵入長）の比を求めよ．

問4 ある半導体に光を照射したところ，抵抗値が光照射前（暗電流時）の 2/3 になった．このとき，光照射によって励起された電子の数は，暗電流時の伝導電子の数の何倍に相当するか求めよ．ただし，正孔の移動度は電子に比べて非常に小さいので，正孔は伝導に寄与しないものと仮定する．

12章

半導体を用いた光デバイス

11章において光の吸収や放出（発光）について学んだ．現在では，この吸収・発光現象を応用したさまざまなデバイスが考案されており，生活の役に立っている．この章では，代表的な光デバイスについて11章で学んだ光の吸収・放出がデバイスにどのように生かされているかという概要を説明し，身近な半導体技術について理解を深める．

1 発光ダイオード（LED）のしくみを学ぼう

pn 接合などにおいて，電流注入形のエレクトロルミネセンスを利用したものが**発光ダイオード**（light emitting diode：**LED**）である．図 **12·1** に pn 接合のエネルギーバンド図を示す．この pn 接合において順方向に電圧を印加すると，電子は p 形半導体方向へ，正孔は n 形半導体方向へと向かう．この際，pn 接合部分において電子と正孔が出会い，再結合し発光する．主な発光ダイオードの材料と発光する色の関係を**表 12·1** に示す．

現在では，青色 LED と黄色の蛍光体を組み合わせた擬似白色 LED や，赤・緑・青の 3 色の LED を組み合わせた白色 LED などが市場に出回っており，ロウソク（火），白熱電球，蛍光灯に次ぐ，第四の光源として注目されている．

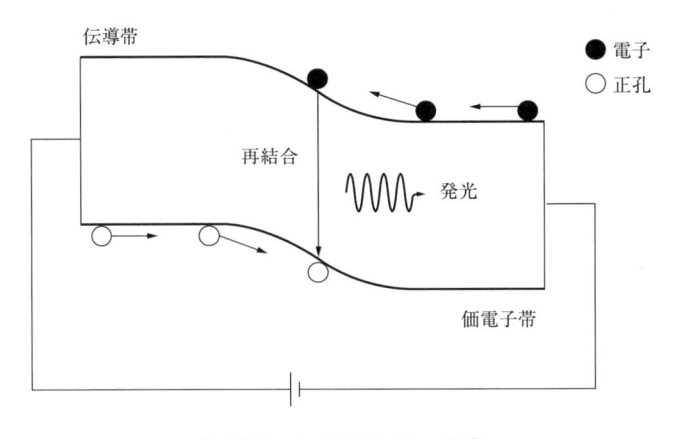

● 図 12·1　発光ダイオード ●

12章 半導体を用いた光デバイス

● 表12・1　各種LEDの基本的半導体材料とその発光色 ●

半導体材料	発光色
InGaAs, GaAs, AlGaAs	赤外線，赤
GaAsP, GaP, AlGaInP	赤，橙，黄，緑
InGaN, GaN, AlGaN	緑，青，紫，紫外

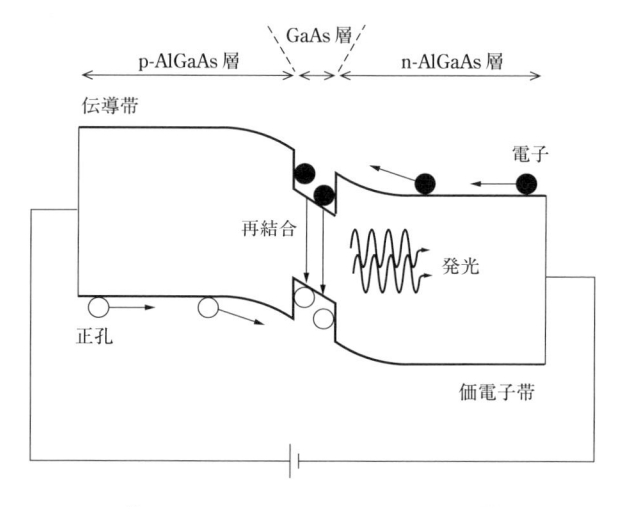

● 図12・2　量子井戸形発光ダイオード ●

また，このpn接合の接合部分に**量子井戸**とよばれるp形，n形半導体のバンドギャップよりも小さなバンドギャップを有する半導体層を設けることによって，発光効率の向上が図られている．**図12・2**にバンドギャップの小さなGaAs層をn形とp形のAlGaAs層で挟んだエネルギーバンド構造を示す．この図から，右のn-AlGaAs層から流れてきた電子は，p-AlGaAs層の電位障壁によって逃げられないようになっており，同様に左のp-AlGaAs層から注入される正孔は，n-AlGaAs層の電位障壁で逃げられないようになっている．つまりpn接合間の量子井戸GaAs層に電子と正孔が閉じ込められた形になり，発光効率の促進が図られることになる．

❷ 半導体レーザ（LD）のしくみを学ぼう

半導体レーザ（laser diode：**LD**）は，先の量子井戸をもつ発光ダイオードを

2 半導体レーザ（LD）のしくみを学ぼう

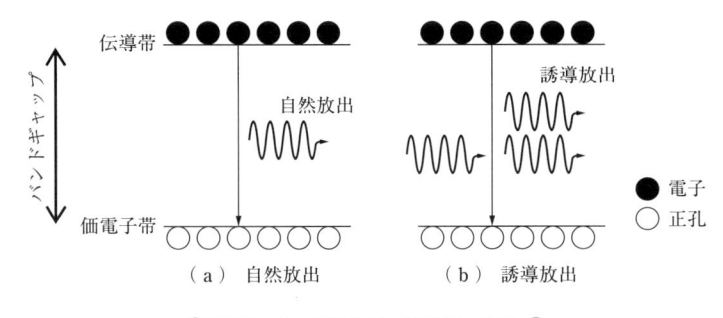

● 図 12・3　エネルギー放出のしくみ ●

応用したものであり，この量子井戸の部分が活性層とよばれるレーザの光を放つ部分である．半導体において伝導帯にある程度の電子が存在した場合は，これまでに示したように寿命がくると価電子帯の正孔と再結合して光を放出する．これは，**自然放出**とよばれる（**図 12・3** (a)）．

これに対して，伝導帯と価電子帯に多く電子と正孔が注入された状態で，バンドギャップとほぼ一致するエネルギーをもつ光が入射すると，伝導帯の電子が誘導されて価電子帯に遷移，つまり再結合し，入射光と同じエネルギー（波長）の光が放出される．これを**誘導放出**とよぶ（図 12・3 (b)）．この誘導放出のためには，多くのキャリヤ（電子と正孔）を発光層に注入した状態（反転分布）を形成する必要がある．誘導放出された光は，**光共振器（キャビティ）**とよばれる鏡面に磨かれた発光層両端（あるいは，きれいなへき開面）で反射を繰り返し，さらに誘導放出が促進される．そして，キャビティの間隔が，この光の半波長の整数倍に相当する場合に，放出光が定在波を形成し，キャビティの鏡面の片方を反射率の少し低い鏡面にしておけば，そこから一部の光を外部に取り出すことができる（**図 12・4** 参照）．この光がレーザ光である．

この半導体レーザにおける，注入電流とレーザ光強度の関係を**図 12・5** に示す．比較のために，LED による光出力も併せて示す．注入電流が少ない場合は，自然放出光のみが発生するが，注入電流を増加すると，あるしきい値電流で誘導放出光が急激に増加することによりレーザ発振が起こる．このレーザ発振により放出される光は，波長，位相，偏波面が入射光と一致しており，レーザ光を重ね合わせる（干渉させる）と光の縞（干渉縞）が観測できる．このような性質をもつことを**可干渉性（コヒーレンス）**とよぶ．図 12・5 中に，レーザ発振前後のスペクトル形状を示す．レーザ発振後は，放出光の波長が揃っていることがわかる．

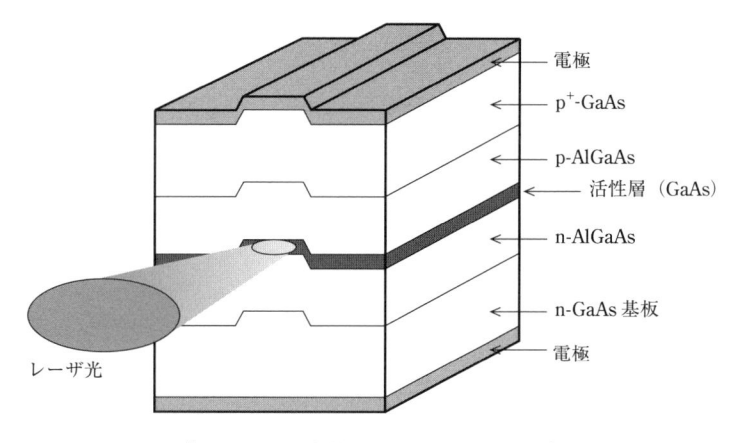

12章 半導体を用いた光デバイス

●図12・4 半導体レーザ構造の模式図●

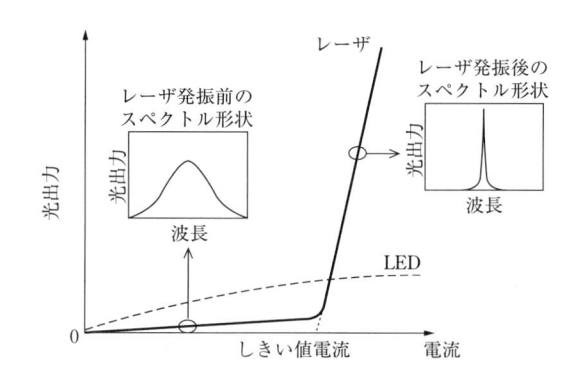

●図12・5 半導体レーザにおけるレーザ光強度の注入電流依存性●

このレーザ光の特長を生かして，CD，DVD，Blu-ray の信号読取りピックアップレーザとして用いられたり，測長技術，レーザポインタなどさまざまなところでレーザが活躍している．

3 太陽電池とフォトダイオード

11章3節〔2〕項で述べた光起電力効果は，太陽電池やフォトダイオードなどのデバイスに応用されている．pn 接合に直列抵抗を接続し，ゼロバイアス，あるいは逆バイアスを印加した状態で光を照射すると，励起されたキャリヤが暗電流とは逆の方向に流れ，直列抵抗から電力を取り出すことができる．これが**フォ**

トダイオードであり，**太陽電池**の原型である．このフォトダイオードは光検出器として用いられ，CD，DVD などのレーザ読取り装置や，リモコンの受信装置などに利用されている．また，参考のために太陽電池の概略図を **図 12・6** に示す．図をみてわかるように，基本的には pn 接合であり，異なる点としては光を取り入れるために片側の電極の面積が小さいこと，光を効率的に吸収するために反射防止膜が加えられていることである．太陽電池の材料としては，単結晶シリコン，多結晶シリコン，非晶質（アモルファス）シリコン，化合物半導体が使われているが，酸化チタンに色素を付着させた新しい有機物タイプの材料も研究されている．これらの材料の特徴を **表 12・2** に示す．最近では，温度対応性に優れたアモルファスシリコンと変換効率に優れた単結晶シリコンを組み合わせたハイブリッド形の **HIT**（heterojunction with intrinsic thin-layer）**形太陽電池**が開発されている（**図 12・7** 参照）．また，最近のエネルギー・環境問題の関心が高まっていくなかで，太陽電池の需要は非常に伸びており，シリコン材料不足が懸念されている．そこで，薄膜シリコン太陽電池の開発・製造にも注目が集まっている．

これまで述べてきた pn 接合部分に，抵抗の高い真性半導体（i 層）を挟んだ

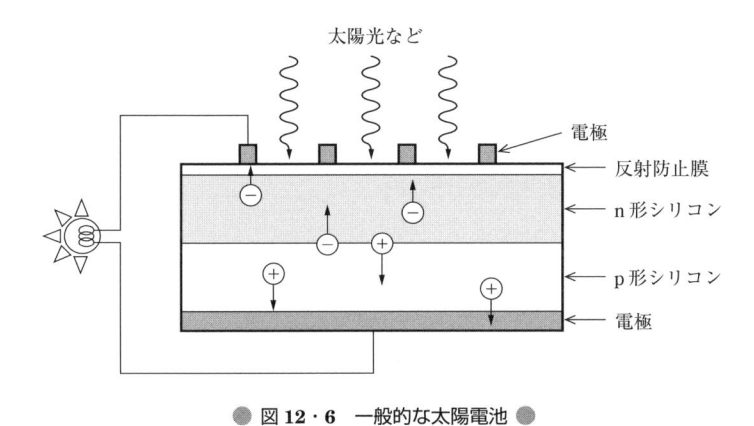

● 図 12・6　一般的な太陽電池 ●

● 表 12・2　太陽電池の主な材料における特徴 ●

材　料	単結晶シリコン	多結晶シリコン	非晶質シリコン	化合物半導体	有機物系
長　所	変換効率 信頼性	基板コスト	大面積 温度対応性	変換効率	作製容易
短　所	基板コスト	変換効率	変換効率	基板コスト	変換効率

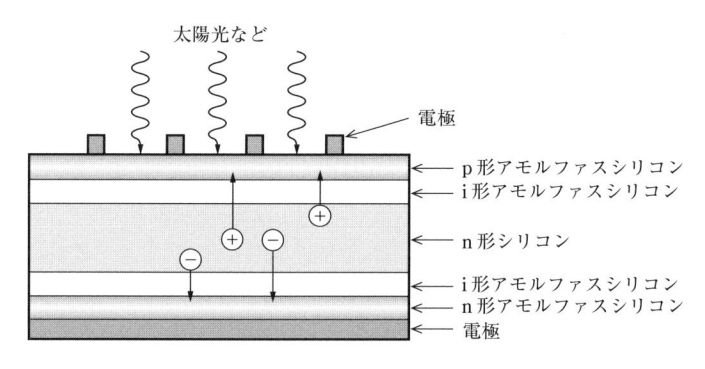

12章 半導体を用いた光デバイス

● 図 12・7 HIT 形太陽電池 ●

ものが **pin** フォトダイオードである．この pin フォトダイオードは逆バイアスを印加すると，i 層がほぼ一様な高電界層となることで，励起されたキャリヤの速度が速くなり，結果として光応答速度が速い光検出器が実現できる．

また，pin フォトダイオードにさらに逆バイアスを印加し，100 kV/cm オーダの非常に高い電界を発生させると，接合部で発生しドリフトするキャリヤは加速され，バンドギャップよりも高いエネルギーをもつことになる．この高エネルギーのキャリヤが結晶格子と衝突すると，衝突電離によって電子・正孔対が生成され，その現象がなだれ的に増殖する．このようなダイオードを**アバランシェ**（なだれ）**フォトダイオード**とよび，微弱な光でも受光感度を大きく上昇させることが可能である（**図 12・8** 参照）．

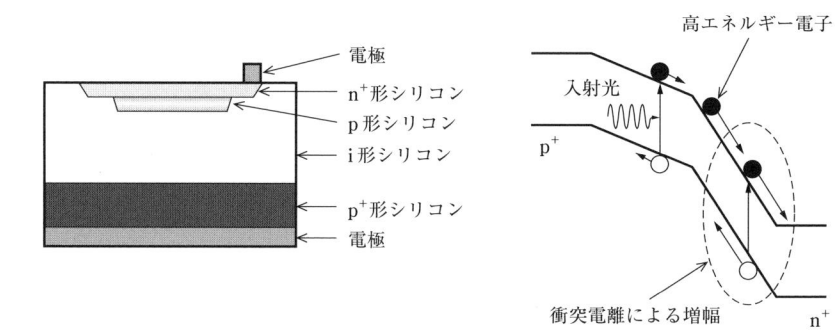

（a）アバランシェフォトダイオードの構造

（b）アバランシェフォトダイオード増幅の原理

● 図 12・8 アバランシェフォトダイオード ●

まとめ

○ 現在，発光ダイオード（LED）が大形ディスプレイ，信号機，液晶のバックライトなど各種方面において使われていることを述べた．
○ LED の原理について，7章で学んだ pn 接合の知識と 11 章で学んだ発光メカニズムの知識を用いて説明した．
○ さまざまな色の LED を実現するために各種半導体が使われていることを示した．
○ LED を応用した半導体レーザ（LD）の原理について述べ，LED との違いを明らかにした．
○ 受光素子の代表として，フォトダイオードあるいはその応用である太陽電池について原理を説明した．
○ 太陽電池の原料や構造について述べ，これからますます需要が高まる太陽電池の問題点と利点を述べた．
○ 高感度フォトダイオードとしてアバランシェフォトダイオードについて原理を説明した．

演習問題

問1 発光ダイオードと半導体レーザの原理および特性の違いを述べよ．
問2 誘導放出が起こるための条件を示せ．
問3 HIT 形太陽電池の特長とその理由を述べよ．
問4 アバランシェフォトダイオードで増幅が起きる理由を述べよ．

参 考 図 書

■ 序章 ■
[1] 高橋清監修，長谷川文夫，吉川明彦編著：ワイドギャップ半導体光・電子デバイス，森北出版（2006）
[2] LED照明推進協議会：LED照明ハンドブック，オーム社（2006）

■ 6章 ■
[1] S. M. Sze，南日康夫，川辺光央，長谷川文夫 訳：半導体デバイス ―基礎理論とプロセス技術―，産業図書（1987）
[2] A. S. Grove，垂井康夫 監訳：グローブ 半導体デバイスの基礎，オーム社（1995）

■ 9章 ■
[1] S. M. Sze：Semiconductor Devices, Physics and Technology, John Wiley & Sons（1985）
[2] 宇佐美晶，兼房慎二，前川隆雄，友影肇，井上森雄：集積回路のための半導体工学，工業調査会（1992）
[3] 徳田豊，兼房慎二，前川隆雄，友影肇，井上森雄：集積回路のための詳解半導体工学演習，工業調査会（1996）
[4] Y. Tokuda, N. Kobayashi, A. Usami, Y. Inoue and M. Imura：J. Appl. Phys., 66, p.3651（1989）

■ 10章 ■
[1] 徳山巍：MOSデバイス，工業調査会（1973）
[2] S. M. Sze：Semiconductor Devices, Physics and Technology, John Wiley & Sons（1985）
[3] 菅博，川畑敬志，矢野満明，田中誠：図説電子デバイス，産業図書（1990）
[4] 宇佐美晶，兼房慎二，前川隆雄，友影肇，井上森雄：集積回路のための半導体工学，工業調査会（1992）
[5] 徳田豊，兼房慎二，前川隆雄，友影肇，井上森雄：集積回路のための詳解半導体工学演習，工業調査会（1996）
[6] Z. Zerbst：Z. Angew. Phys., 22, p.30（1966）
[7] D. K. Schroder, J. D. Whitfield and C. J. Varker：IEEE Trans. Electron. Dev., p.462（1984）

演習問題解答

■ 1章 ■

問1 本章1節参照.

問2 本章2節1, 2項参照.

問3 本章2節3項参照.

問4 本章2節4項参照.

問5 本章1節参照.

■ 2章 ■

問1 1個の面心立方格子中に含まれる原子の数は, $8 \times 1/8 + 6 \times 1/2 = 4$ 個である. したがって, $4/(4.09 \times 10^{-10})^3 = 5.84 \times 10^{28}$ m^{-3}.

問2 1個のダイヤモンド格子に含まれる Si の数は, $8 \times 1/8 + 6 \times 1/2 + 4 = 8$ 個である. したがって, $8/(5.43 \times 10^{-10})^3 = 5.00 \times 10^{28}$ m^{-3}.

問3 1個の閃亜鉛鉱格子に含まれる Ga および As の数は4個である. したがって, Ga 原子, As 原子ともに, $4/(5.65 \times 10^{-10})^3 = 2.22 \times 10^{28}$ m^{-3}.

問4 (1) 図 2・3 より単純立方格子 $r = a/2$, 体心立方格子 $r = \sqrt{3}\,a/4$, 面心立方格子 $r = \sqrt{2}\,a/4$.

(2) 単純立方格子, 体心立方格子, 面心立方格子

問5 速度 1.2×10^8 m/s, 運動量 1.1×10^{-22} kg·m/s, 運動エネルギー 6.6×10^{-15} J, 波長 0.061 Å

■ 3章 ■

問1 式 (3・1) より $v^2 = \dfrac{q^2}{4\pi\varepsilon_0 rm}$, 式 (3・2) より $m^2 v^2 r^2 = \left(n\dfrac{h}{2\pi}\right)^2$. v^2 を消去すると, $r_n = \dfrac{4\pi\varepsilon_0}{mq^2}\left(n\dfrac{h}{2\pi}\right)^2$. 式 (3・3) より $E_n = -\dfrac{q^2}{2\pi\varepsilon_0 r_n} = -\dfrac{mq^4}{2\varepsilon_0^2 h^2 n^2} = -\dfrac{13.6}{n^2}$ 〔eV〕.

問2 ドナー原子（たとえば, リン原子）の状態を水素モデルで考えると, リン原子の位置に $+\mathrm{e}$ の電荷があるとしてその周りを1個の電子が円運動していると考える. このとき, 電子の質量は伝導帯での有効質量 m_n^*, 媒質の誘電率は, Si の誘電率は $12\varepsilon_0$ であることに注意して計算すると, 問1の結果より, $r = 1.3$ nm, $E = -0.05$ eV となる.

問3 本章2節2項を参照. 図 3・4 および図 3・5 より説明する.

■ 4章 ■

問 1 $pn = n_i^2$ より

$$n = \frac{n_i^2}{p} = \frac{(1.5 \times 10^{16})^2}{10^{23}} = \frac{2.25 \times 10^{32}}{10^{23}} = 2.25 \times 10^9 \, \text{m}^{-3}$$

問 2 多数キャリヤである正孔密度は $p = N_a = 10^{24} \, \text{m}^{-3}$

少数キャリヤである正孔密度は $n = \dfrac{n_i^2}{p} = \dfrac{2.25 \times 10^{32}}{10^{24}} = 2.25 \times 10^8 \, \text{m}^{-3}$

式 (4・27) より $E_F = E_i - kT \ln\left(\dfrac{N_a}{n_i}\right)$

$$= E_i - 0.0259 \ln\left(\frac{10^{24}}{1.5 \times 10^{16}}\right)$$

$$= E_i - 0.47 \, \text{eV}$$

したがって，エネルギー帯図は，下図のようになる．

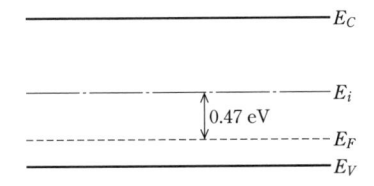

```
―――――――――――――――――――――― E_C


―・―・―・―・―・―・―・―・―・―・―・―・― E_i
                  ↕ 0.47 eV
―――――――――――――――――――――― E_F

―――――――――――――――――――――― E_V
```

問 3 P（リン）はドナー，B（ホウ素）はアクセプタであるので，アクセプタ密度 $N_a >$ ドナー密度 N_d より，Si は p 形である．

多数キャリヤである正孔密度 p は

$p = N_a - N_d = 10^{23} - 5 \times 10^{22} = 5 \times 10^{22} \, \text{m}^{-3}$ となる．

少数キャリヤである正孔密度 n は

$n = \dfrac{n_i^2}{p} = \dfrac{2.25 \times 10^{32}}{5 \times 10^{22}} = 4.5 \times 10^9 \, \text{m}^{-3}$ となる．

問 4 式 (4・27) より

$$E_F = E_i - kT \ln\left(\frac{N_a - N_d}{n_i}\right)$$

$$= E_i - 0.0259 \ln\left(\frac{5 \times 10^{22}}{1.5 \times 10^{16}}\right)$$

$$= E_i - 0.39$$

したがって，エネルギー帯図は，次図のようになる．

```
────────────────────── $E_C$
           ↕ 0.39 eV  $E_i$
    - - - - - - - - -  $E_F$
──────────────────────  $E_V$
```

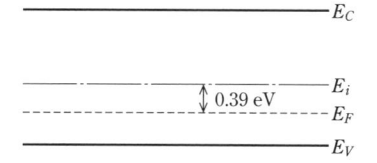

問 5 $n = 4\pi \left(\dfrac{2m_n^*}{h^2}\right)^{\frac{3}{2}} \int_{E_C}^{\infty} (E - E_C)^{\frac{1}{2}} \exp\left(\dfrac{E - E_F}{kT}\right) dE$

ここで，$(E - E_C)/kT = x$ とおく．$dE = kTdx$，E が $E_C \to \infty$ のとき x は $0 \to \infty$ であるので

$$n = 4\pi \left(\dfrac{2m_n^*}{h^2}\right)^{\frac{3}{2}} \int_0^{\infty} (kTx)^{\frac{1}{2}} \exp\left(-\dfrac{E - E_C}{kT} - \dfrac{E_C - E_F}{kT}\right) kTdx$$

$$= 4\pi \left(\dfrac{2m_n^* kT}{h^2}\right)^{\frac{3}{2}} \exp\left(\dfrac{E_F - E_C}{kT}\right) \int_0^{\infty} x^{\frac{1}{2}} e^{-x} dx$$

さらに，$x^{\frac{1}{2}} = t$ とおく．$dx = 2x^{\frac{1}{2}} dt = 2t dt$ より

$$\int_0^{\infty} x^{\frac{1}{2}} e^{-x} dx = 2 \int_0^{\infty} t^2 e^{-t^2} dt = \dfrac{\sqrt{\pi}}{2}$$

したがって，$n = 2 \left(\dfrac{2m_n^* kT}{h^2}\right)^{\frac{3}{2}} \exp\left(\dfrac{E_F - E_C}{kT}\right)$．

■ 5章 ■

問 1 式 (5・4) の $\mu_n = \dfrac{q\tau_n}{m_n^*}$ に各値を代入すると，$1.0 = \dfrac{1.6 \times 10^{-19} \tau_n}{0.26 \times 9.1 \times 10^{-31}}$

∴ $\tau_n \cong 1.5 \times 10^{-12} = 1.5$ ps

問 2 上と同様に，$0.5 = \dfrac{1.6 \times 10^{-19} \tau_n}{0.55 \times 9.1 \times 10^{-31}}$，∴ $\tau_p \cong 1.6 \times 10^{-12} = 1.6$ ps

問 3 式 (5・13) の $\sigma = q(n\mu_n + p\mu_p)$ に各値を代入すると，$\sigma = 1.6 \times 10^{-19}(1.0 \times 10^{22} + 0) = 1\,600$ S/m.

問 4 上と同様に，$\sigma = 1.6 \times 10^{-19}(2.0 \times 10^{22} \times 0.9 + 1.0 \times 10^{22} \times 0.4) = 3\,520$ S/m.

問 5 式 (5・11) から，不純物の総量が多いほうが，不純物散乱が増加し，半導体の移動度を低下させる．半導体Bはドナーとアクセプタが互いにキャリヤを補償し（打ち消し）た状態で，半導体Aと同じキャリヤをもっているので，半導体Bのほうが不純物の総量は多い．したがって，半導体Aのほうが移動度が大きいので，キャリヤのドリフト速度は速い．ゆえに，半導体Aのほうが半導体Bに比べてより高速動作ができると考えられる．

6章

問1 5章演習問題問1の計算結果から，平均緩和時間は 1.5 ps である．平均自由行程は，熱速度に平均緩和時間をかけた値である．式 (5・2) の $v_{\text{th}} = \sqrt{\dfrac{3kT}{m_n{}^*}}$ に値を代入すると，$v_{\text{th}} = \sqrt{\dfrac{3 \times 1.38 \times 10^{-23} \times 300}{0.26 \times 9.1 \times 10^{-31}}} \cong 2.29 \times 10^5 \,\text{m/s} = 229 \,\text{km/s}$.

問2 フェルミ分布関数 $f(E)$ は，$f(E) = \dfrac{1}{1 + \exp\left(\dfrac{E - E_F}{kT}\right)}$ である．ここで，$E - E_F > 3kT$ のとき，$\exp\left(\dfrac{E - E_F}{kT}\right) > e^3 \cong 20$ が成り立つ．したがって，フェルミ分布関数の分母の第二項は1に比べて十分大きいとみなすことができ

$$f(E) \cong \dfrac{1}{\exp\left(\dfrac{E - E_F}{kT}\right)} = \exp\left(-\dfrac{E_F - E}{kT}\right)$$

となる．これは，ボルツマン分布に近似できていることを意味する．

問3 式 (5・12)，(6・20) から

$$\dfrac{\partial n_p(x,t)}{\partial t} = D_n \dfrac{\partial^2 n_p(x,t)}{\partial x^2} + \mu_n E(x,t) \dfrac{\partial n_p(x,t)}{\partial x}$$
$$+ \mu_n n_p(x,t) \dfrac{\partial E(x,t)}{\partial x} - \dfrac{n_p(x,t) - n_0}{\tau_n} + G_L$$

7章

問1 電子，正孔とも拡散長 $L = 3.16 \times 10^{-3}$ cm，
逆方向飽和電流密度 $J_{d0} = q n_i{}^2 (D_n/L_n N_a + D_p/L_p N_d) = 5.6 \times 10^{-12}$ A/cm^2，
$J = 5.6 \times 10^{-12} \times (e^{qV/kT} - 1)$ A/cm^2

問2 式 (7・14) と式 (7・9) の電子電流の比をとる．$L_n = \sqrt{D_n \tau_r}$ と考えて

$$\dfrac{J_d}{J_r} = \dfrac{2 n_i D_n \tau_r}{N_a L_n w_i} e^{qV/2kT} = \dfrac{2 n_i \sqrt{D_n \tau_r}}{N_a w_i} e^{qV/2kT} = \dfrac{2 \sqrt{D_n \tau_r}}{N_a w_i} \sqrt{N_C N_V} \, e^{-E_g/2kT} e^{qV/2kT}$$

この式より，E_g が大きいほど，また V が小さいほど，J_r が支配的になる．キャリヤ寿命 τ_r が大きくなると J_d がより支配的になる．

問3 温度が高くなると禁制帯幅が減少するので，ツェナー降伏は起きやすくなる．一方，温度が高くなると散乱を受ける確率が増し，散乱を受けてから次の散乱を

受けるまでの距離 l が減少する．キャリヤが電界 E から得る運動エネルギーは El であるので，温度が高くなると減少する．この効果が勝って高温では衝突イオン化は起きにくくなる．

■ 8章 ■

問1 $\dfrac{d^2\phi}{dx^2} = -\dfrac{\rho}{\varepsilon} = -\dfrac{qAx}{\varepsilon}$

空乏層の幅を w とする．$x = \pm w/2$ で電界が 0 であるので

$$\frac{d\phi}{dx} = -\frac{qA}{2\varepsilon}\left\{x^2 - \left(\frac{w}{2}\right)^2\right\}$$

$\phi(0) = 0$ とすると

$$\phi = -\frac{qAx}{2\varepsilon}\left\{\frac{x^2}{3} - \left(\frac{w}{2}\right)^2\right\}$$

$\phi(w/2) - \phi(-w/2) = \phi_d$ より

$$w = \left(\frac{12\,\phi_d\varepsilon}{qA}\right)^{\frac{1}{3}}$$

問2 Si の N_C, N_V はどちらも約 $1 \times 10^{19}\,\mathrm{cm}^{-3}$，比誘電率は約 12，$\phi_d$ は式 $(7\cdot1)$ より 0.72 eV．

式 $(8\cdot16)$，$(8\cdot21)$ に代入すると $w = 0.44\,\mu\mathrm{m}$, $C = 2.4 \times 10^{-4}\,\mathrm{F/m}^2$．

N_a, N_d が $10^{17}\,\mathrm{cm}^{-3}$ のときは，$\phi_d = 0.84\,\mathrm{eV}$, $w = 0.15\,\mu\mathrm{m}$, $C = 7.1 \times 10^{-4}\,\mathrm{F/m}^2$．

問3 式 $(8\cdot35)$ は，ベース領域の少数キャリヤ拡散長を L として，$\alpha_T \cong 1 - d^2/2L^2$ と書き直すことができる．したがって，ベース幅が拡散長よりはるかに小さいと $\alpha_T \cong 1$ である．

問4 空乏層は不純物濃度の低い側に広がるので，コレクタ側に広がる．もし逆にコレクタ側の不純物濃度が高いと，コレクタ電圧の印加に伴い空乏層はベース側に広がり，実効的なベース幅が減少，到達率が上がって増幅率が増加する（アーリー効果）．また空乏層がベース・エミッタ接合まで到達し実効的なベース幅が 0 になるとエミッタ・コレクタ間に大きな電流が流れ，ベースによる制御は働かなくなる（パンチスルー状態）．このような現象を防ぎ，一定の増幅率で動作させるためにはコレクタ側の不純物濃度を下げる必要がある．

■ 9章 ■

問1 n 形シリコンに対して $q\phi_m > q\phi_s$ であるので，ショットキー接触である．ショットキー障壁高さは，$q\phi_B = q(\phi_m - \chi) = 5 - 4.2 = 0.8\,\mathrm{eV}$，また $q\phi_d = q(\phi_m - $

ϕ_s) $= 5 - 4.4 = 0.6$ eV である．

p形シリコンに対して $q\phi_m < q\phi_s$ ではあるが，$q\phi_B = E_g - q(\phi_m - \chi) = 1.1 - 0.8 = 0.3$ eV となり，障壁高さは十分ではない．

金は n 形シリコンのショットキー接触作製にしばしば利用される．

問2 式 (9・9) より

$$w = \sqrt{\frac{2\varepsilon_s(\phi_d - V_a)}{qN_d}} = \sqrt{\frac{2 \times 11.7 \times 8.85 \times 10^{-12} \times 0.6}{1.60 \times 10^{-19} \times 1 \times 10^{15} \times 10^6}}$$

$$= 8.81 \times 10^{-7} \text{ m} = 0.881 \, \mu\text{m}$$

式 (9・11) より

$$C = \frac{\varepsilon_s}{w} = \frac{11.7 \times 8.85 \times 10^{-12}}{8.81 \times 10^{-7}} = 1.18 \times 10^{-4} \text{ F/m}^2$$

となる．たとえば，金属が 1 mm 角のショットキー接触では，容量は 118 pF である．

問3 式 (9・25) を用いて

$$A^* = \frac{4\pi q m^* k^2}{h^3} = \frac{4\pi \times 1.60 \times 10^{-19} \times 0.2 \times 9.11 \times 10^{-31} \times (1.38 \times 10^{-23})^2}{(6.63 \times 10^{-34})^3}$$

$$= 2.39 \times 10^5 \text{ A}/(\text{m}^2 \cdot \text{K}^2)$$

式 (9・24) を用いて

$$J_s = A^* T^2 \exp\left(-\frac{q\phi_B}{kT}\right) = 2.39 \times 10^5 \times 300^2 \times \exp\left(-\frac{0.8}{8.63 \times 10^{-5} \times 300}\right)$$

$$= 8.18 \times 10^{-4} \text{ A/m}^2$$

問4 測定温度を変えて電流-電圧特性を測定し，飽和電流密度を求める．式 (9・24) から

$$\ln(J_s/T^2) = \ln A^* - \frac{q\phi_B}{k} \frac{1}{T}$$

の関係があるので，片対数グラフで J_s/T^2-T^{-1} のプロットをすれば直線が得られ，その傾きから障壁高さ $q\phi_B$ を求めることができる．また，$T^{-1}=0$ の切片から A^* を算出することができる．

■ 10章 ■

問1 図 10・4 を参考にする．n 形半導体のフェルミ準位は伝導帯に近い．また，蓄積，空乏，反転の電圧の極性が p 形半導体とは逆になる（演図 10・1 参照）．

問2 $V_{th} = -\dfrac{\sqrt{2\varepsilon_s(-2\phi_F)qN_d}}{C_i} + 2\phi_F + V_{FB}$．ただし，$\phi_F = -\dfrac{kT}{q}\ln\left(\dfrac{N_d}{n_i}\right)$

問3 (1) 6.73×10^{-4} F/m^2

(a) 蓄積状態 ($V_G > 0$)

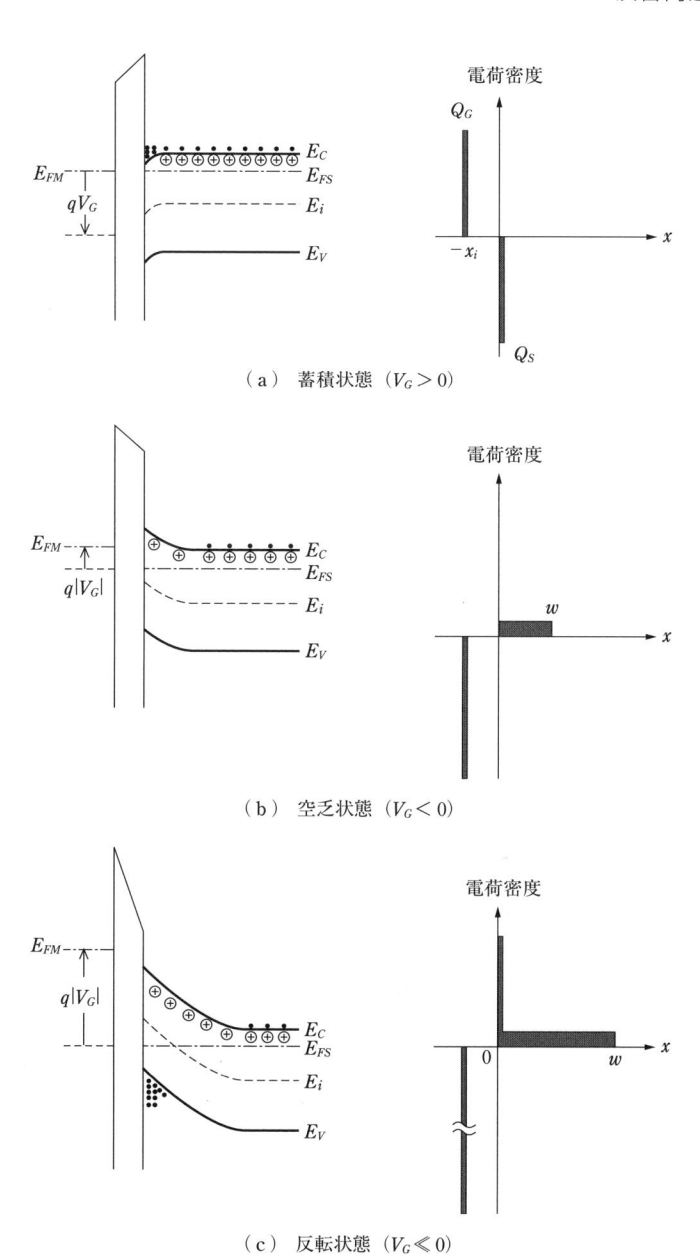

(b) 空乏状態 ($V_G < 0$)

(c) 反転状態 ($V_G \ll 0$)

● 演図 10・1　n 形半導体を基板として用いた MIS 構造の各状態のエネルギーバンド図, 電荷分布 ●

(2) 0.584 V
(3) 8.70×10^{-7} m, 1.01×10^{-4} F
(4) 0.791 V

問 4 p形シリコンのとき：-0.942 V, n形シリコンのとき：-0.358 V

■ 11 章 ■

問 1 $E\,[\mathrm{eV}] = \dfrac{hc}{\lambda e} = \dfrac{6.62 \times 10^{-34}\,\mathrm{J \cdot s} \times 3.00 \times 10^{17}\,\mathrm{nm/s}}{\lambda\,[\mathrm{nm}] \times 1.602 \times 10^{-19}\,\mathrm{C}} \approx \dfrac{1\,240}{\lambda\,[\mathrm{nm}]}$

問 2 $\lambda\,[\mathrm{nm}] \approx \dfrac{1\,240}{E\,[\mathrm{eV}]} = \dfrac{1\,240}{3.4} = 364.7\,\mathrm{nm}$

問 3 （シリコン侵入長）：（GaAs 侵入長）= 10：1

問 4 1/2 倍

■ 12 章 ■

問 1 コヒーレンス，誘導放出．

問 2 電流注入による電子・正孔増加，バンドギャップと等しいエネルギーの光入射．

問 3 温度対応性と変換効率，温度対応性に優れたアモルファスシリコンと変換効率に優れた単結晶シリコンとの融合．

問 4 高電界によって加速され高エネルギー状態になった電子が衝突電離を誘発し，電子・正孔対を生成するため．

索　引

▶ 英数字 ◀

CMOS　*4*

HIT形太陽電池　*135*

MIS構造　*107*
MOS電界効果トランジスタ　*4*

n形半導体　*41*
npnトランジスタ　*87*

p形半導体　*41*
pinフォトダイオード　*136*
pn接合　*67*
pnpトランジスタ　*87*

X線回折　*22*

Ⅱ-Ⅵ族化合物半導体　*15*
Ⅲ-Ⅴ族化合物半導体　*15*

▶ ア 行 ◀

アインシュタインの関係　*60*
アクセプタ　*122*
アバランシェフォトダイオード　*136*
アモルファス　*18*

移動度　*50*

ウルツァイト構造　*22*

液晶ディスプレイ　*5*
エネルギー準位　*28*
エネルギーバンド　*31*
エミッタ　*87*
エレクトロルミネセンス　*125*

オーミック接触　*94*
オーミック特性　*104*
オームの法則　*55*

▶ カ 行 ◀

階段接合　*83*
開放電圧　*128*
界面準位　*117*
可干渉性　*133*
拡散　*57*
拡散距離　*64*
拡散長　*64*
拡散定数　*58*
拡散電位　*69*
拡散電流　*58, 70*
化合物半導体　*14*
片側階段接合　*87*
価電子　*30*
価電子帯　*32*
間接遷移　*14, 126*
間接遷移形半導体　*126*

基底状態　*29*
擬フェルミ準位　*69*
基本単位格子　*19*
基本並進ベクトル　*19*

■ 索　　引

逆方向飽和電流密度　73
キャビティ　133
キャリヤ　36
キャリヤ密度　13
吸収係数　123
共有結合　30
禁制帯幅　5, 12
金属と半導体接触　3

空間電荷　66
空間電荷層　66, 82
空　乏　108
空乏層　66, 82
空乏層近似　82

欠陥準位　73
結晶成長　16
結晶表面　26
結晶粒界　26
ゲート電極　107
原子空孔　25
元素半導体　14

格　子　18
格子間原子　25
格子間不純物原子　25
格子散乱　51
格子振動　49
格子整合　16
格子定数　15, 21
格子不整合　16
光導電効果　12, 126
コヒーレンス　133
コレクタ　87
混晶半導体　15

▶▶ サ　行 ◀◀

最外殻軌道　30
再結合　124
再結合電流　70
三斜晶　19
散乱 X 線　23

しきい値電圧　114
仕事関数　95
自然放出　133
斜方晶　19
集積回路　4
自由電子　47
寿命時間　60
主量子数　29
順方向電流　70
少数キャリヤ　42
状態密度　36
状態密度関数　36
衝突イオン化　77
ショットキー障壁高さ　95
ショットキー接触　94
ショットキーダイオード　94
真性キャリヤ密度　40
真性半導体　40
真性フェルミ準位　40

正　孔　12, 36, 47
生成電流　70
正方晶　19
整流作用　3
積層欠陥　26
絶縁破壊電圧　17
絶縁破壊電界　5
接合降伏　77

索　引

ゼーベック効果　13
閃亜鉛鉱構造　21
線欠陥　26

▶▶ タ　行 ◀◀

体心格子　19
体心立方格子　20
ダイヤモンド構造　21
太陽電池　5, 134
多結晶　18
多数キャリヤ　42
単結晶　18
単斜晶　19
単純格子　19
単純立方格子　20
短絡電流　128

置換形不純物原子　25
蓄　積　108
窒化物半導体　7
中性領域　66, 82
注入効率　90
直接遷移　14, 126
直接遷移形半導体　126

ツェナー降伏　78

抵抗率　11, 55
底心格子　19
転　位　26
電界効果トランジスタ　3
点欠陥　25
電　子　12
電子親和力　95
電子線回折　24
伝導帯　32

伝導電子　36, 47
電流増幅率　89

到達率　90
導電率　11, 55
ドナー　122
トランジスタ　3
ドリフト　48
ドリフト速度　17
ドリフト電流　54

▶▶ ナ　行 ◀◀

内部電位　69
なだれ降伏　78

熱振動　49
熱速度　49
熱平衡状態　60

▶▶ ハ　行 ◀◀

バイポーラトランジスタ　87
薄膜トランジスタ　5
刃状転位　26
発光ダイオード　4, 131
発生電流　70
反　転　108
半導体工学　1
半導体デバイス　2
半導体物性　1
半導体プロセス　2
半導体レーザ　132
バンドギャップ　121

光起電力係数　128
光共振器　133
光の3原色　7

149

索　引

光の振動数　*12*
光利得係数　*128*
比抵抗　*11*
表面ポテンシャル　*111*

フェルミ準位　*37*
フェルミ・ディラック分布関数　*37*
フェルミポテンシャル　*113*
フォトダイオード　*134*
フォトルミネセンス　*125*
不純物拡散　*4*
不純物原子　*25*
不純物散乱　*51*
不純物半導体　*41*
ブラッグの回折条件　*24*
フラットバンド　*109*
フラットバンド電圧　*115*
ブラベ格子　*19*
プランク定数　*28*
平均緩和時間　*50*
平均自由行程　*57*

ベース　*87*
ヘテロ接合電界効果トランジスタ　*6*

ボーア半径　*29*
ボーアモデル　*28*
飽和電子速度　*5*
補償　*45*
ホール効果　*13*

ボルツマン定数　*37*

▶▶ マ行・ヤ行 ◀◀

面欠陥　*26*
面心格子　*19*
面心立方格子　*20*

有効質量　*49*
誘導放出　*133*
ユニポーラトランジスタ　*87*

▶▶ ラ行・ワ行 ◀◀

ライフタイム　*60*
ラウエの回折条件　*23*

理想 MIS 構造　*108*
リチャードソン係数　*102*
立方晶　*19*
量子井戸　*132*
量子条件　*28*
菱面体晶　*19*

励起子吸収　*123*
レーザダイオード　*4*
連続の式　*63*

六方晶　*19*

ワイドギャップ半導体　*16*

〈編者・著者略歴〉

平松和政(ひらまつ　かずまさ)
1983年　名古屋大学大学院工学研究科博士課程修了
1986年　工学博士
現　在　三重大学大学院工学研究科電気電子工学専攻教授

市村正也(いちむら　まさや)
1988年　京都大学大学院工学研究科博士課程修了
1988年　工学博士
現　在　名古屋工業大学工学部電気電子工学科教授

元垣内敦司(もとがいと　あつし)
1998年　静岡大学大学院電子科学研究科後期3年博士課程修了
1998年　博士(工学)
現　在　三重大学大学院工学研究科電気電子工学専攻准教授

徳田　豊(とくだ　ゆたか)
1974年　名古屋工業大学大学院工学研究科修士課程修了
1980年　工学博士
現　在　愛知工業大学工学部電気学科教授

伊藤　明(いとう　あきら)
1993年　名古屋工業大学大学院博士課程修了
1993年　工学博士
現　在　鈴鹿工業高等専門学校電子情報工学科准教授

山口雅史(やまぐち　まさひと)
1995年　大阪大学大学院工学研究科博士課程修了
1995年　博士(工学)
元名古屋大学大学院工学研究科電子情報システム専攻 准教授

- 本書の内容に関する質問は，オーム社ホームページの「サポート」から，「お問合せ」の「書籍に関するお問合せ」をご参照いただくか，または書状にてオーム社編集局宛にお願いします．お受けできる質問は本書で紹介した内容に限らせていただきます．なお，電話での質問にはお答えできませんので，あらかじめご了承ください．
- 万一，落丁・乱丁の場合は，送料当社負担でお取替えいたします．当社販売課宛にお送りください．
- 本書の一部の複写複製を希望される場合は，本書扉裏を参照してください．

JCOPY ＜出版者著作権管理機構 委託出版物＞

新インターユニバーシティ
半 導 体 工 学

2009 年 7 月 25 日　第 1 版第 1 刷発行
2025 年 7 月 20 日　第 1 版第 10 刷発行

著　者　平松和政
発行者　髙田光明
発行所　株式会社オーム社
　　　　郵便番号　101-8460
　　　　東京都千代田区神田錦町 3-1
　　　　電話　03(3233)0641(代表)
　　　　URL　https://www.ohmsha.co.jp/

© 平松和政 *2009*

組版　新生社　　印刷　広済堂ネクスト　　製本　協栄製本
ISBN978-4-274-20743-3　Printed in Japan

関連書籍のご案内

パワーエレクトロニクスハンドブック

パワーエレクトロニクスハンドブック編集委員会　編
B5判・744頁・定価(**本体23000円【税別】**)／本文全文収録CD-ROM付

主要目次
応用／簡単なスイッチング素子特性／詳細なスイッチング素子特性／簡単なパワーエレクトロニクス回路特性／詳細なパワーエレクトロニクス回路特性／シミュレータによる回路解析・設計／電源システム／ドライブシステム

電池ハンドブック

電気化学会 電池技術委員会　編
B5判・806頁・定価(**本体22000円【税別】**)

主要目次
電池基礎／電池概論／測定法／電池の構成要素／一次電池／二次電池／その他の二次電池／リチウムイオン電池／電池の種類と用途／燃料電池／キャパシタ／標準化と規格／付録　電池工業に関する資料

薄膜ハンドブック(第2版)

日本学術振興会 薄膜第131委員会　編
A5判・1258頁・定価(**本体24000円【税別】**)

主要目次
第Ⅰ編　基礎編　薄膜作製法／薄膜形成・成長機構／薄膜の評価／薄膜の物性
第Ⅱ編　応用編　工業的薄膜作製法／電子デバイス／光エレクトロニクスデバイス／ディスプレイ／表示・撮像デバイス／磁気デバイス／センサデバイス／エネルギーデバイス／電子回路実装技術／光学デバイス／メカトロニクス部品／表面機能化／バイオ機能デバイス／超伝導デバイス

LSIテスティングハンドブック

LSIテスティング学会　編
A5判・612頁・定価(**本体11000円【税別】**)

主要目次
■第1章　LSI製造工程と検査・解析／設計工程：テスト設計／マスク製造工程／デバイス製造工程／組立工程／検査工程■第2章　歩留り解析／歩留り解析／マスク解析／ウェーハ解析／インライン検査■第3章　故障解析／故障現象概論／故障解析フロー／PKGレベル解析／ソフトによる絞込み(故障診断)／ハードによる絞込み／物理化学解析■第4章　ツールの原理／光／X線／電子線関係／イオン関係／SPM関係／その他

もっと詳しい情報をお届けできます。
◎書店に商品がない場合または直接ご注文の場合も右記ご連絡ください。

ホームページ　https://www.ohmsha.co.jp/
TEL／FAX　TEL.03-3233-0643　FAX.03-3233-3440

(定価は変更される場合があります)

レーザの進化とともに光の時代を迎え、20年ぶりに全面改訂！

レーザーハンドブック 第2版

レーザー学会 編　　B5判・1240頁・定価(本体28000円【税別】)

　「レーザーハンドブック」は、レーザーに関わる技術者・研究者・学生に広く利用されてきたが、この20年間のレーザーに関する学問、技術の進展には目をみはるものがあり、レーザーを応用した装置・システムは広く社会に普及している。そこで、最新の知見とデータを豊富に盛り込んだ技術者・研究者・学生に真に役立つハンドブックとして、新たな構想の下で改訂した。

- 基礎理論から応用技術までを集大成！
- 第一線の研究者および技術者の執筆による確かな内容！
- エネルギー、情報通信から、計測、医療・バイオまで幅広い応用分野に対応！
- 最新の知識とデータを網羅！
- 辞典としても活用できる用語集と豊富な索引！

主要目次

- Ⅰ編　レーザーの基礎
- Ⅱ編　光学の基礎
- Ⅲ編　非線形光学
- Ⅳ編　各種レーザー
- Ⅴ編　レーザー技術
- Ⅵ編　レーザー計測
- Ⅶ編　レーザーの光波応用
- Ⅷ編　レーザーのエネルギー応用
- Ⅸ編　バイオフォトニクス
- Ⅹ編　レーザーによるエネルギー開発
- ⅩⅠ編　付録（レーザー用語集／市販レーザーの波長）

もっと詳しい情報をお届けできます。
◎書店に商品がない場合または直接ご注文の場合も右記宛にご連絡ください。

ホームページ　https://www.ohmsha.co.jp/
TEL／FAX　TEL.03-3233-0643　FAX.03-3233-3440

(定価は変更される場合があります)

A-0604-60

新インターユニバーシティシリーズのご紹介

- 全体を「共通基礎」「電気エネルギー」「電子・デバイス」「通信・信号処理」「計測・制御」「情報・メディア」の6部門で構成
- 現在のカリキュラムを総合的に精査して，セメスタ制に最適な書目構成をとり，どの巻も各章1講義，全体を半期2単位の講義で終えられるよう内容を構成
- 実際の講義では担当教員が内容を補足しながら教えることを前提として，簡潔な表現のテキスト，わかりやすく工夫された図表でまとめたコンパクトな紙面
- 研究・教育に実績のある，経験豊かな大学教授陣による編集・執筆

各巻 定価(本体2300円【税別】)

メディア情報処理
末永 康仁 編著 ■A5判・176頁

【主要目次】 メディア情報処理の学び方／音声の基礎／音声の分析／音声の合成／音声認識の基礎／連続音声の認識／音声認識の応用／画像の入力と表現／画像処理の形態／2値画像処理／画像の認識／画像の生成／画像応用システム

ディジタル回路
田所 嘉昭 編著 ■A5判・180頁

【主要目次】 ディジタル回路の学び方／ディジタル回路に使われる素子の働き／スイッチングする回路の性能／基本論理ゲート回路／組合せ論理回路(基礎／設計)／順序論理回路／演算回路／メモリとプログラマブルデバイス／A-D, D-A 変換回路／回路設計とシミュレーション

電気・電子計測
田所 嘉昭 編著 ■A5判・168頁

【主要目次】 電気・電子計測の学び方／計測の基礎／電気計測(直流／交流)／センサの基礎を学ぼう／センサによる物理量の計測／計測値の変換／ディジタル計測制御システムの基礎／ディジタル計測制御システムの応用／電子計測器／測定値の伝送／光計測とその応用

システムと制御
早川 義一 編著 ■A5判・192頁

【主要目次】 システム制御の学び方／動的システムと状態方程式／動的システムと伝達関数／システムの周波数特性／フィードバック制御系とブロック線図／フィードバック制御系の安定解析／フィードバック制御系の過渡特性と定常特性／制御対象の同定／伝達関数を用いた制御系設計／時間領域での制御系の解析・設計／非線形システムとファジィ・ニューロ制御／制御応用例

パワーエレクトロニクス
堀 孝正 編著 ■A5判・170頁

【主要目次】 パワーエレクトロニクスの学び方／電力変換の基本回路とその応用例／電力変換回路で発生するひずみ波形の電圧，電流，電力の取扱い方／パワー半導体デバイスの基本特性／電力の変換と制御／サイリスタコンバータの原理と特性／DC-DC コンバータの原理と特性／インバータの原理と特性

電気エネルギー概論
依田 正之 編著 ■A5判・200頁

【主要目次】 電気エネルギー概論の学び方／限りあるエネルギー資源／エネルギーと環境／発電機のしくみ／熱力学と火力発電のしくみ／核エネルギーの利用／原子力エネルギーと水力発電のしくみ／化学エネルギーから電気エネルギーへの変換／光から電気エネルギーへの変換／熱エネルギーから電気エネルギーへの変換／再生可能エネルギーを用いた種々の発電システム／電気エネルギーの伝送／電気エネルギーの貯蔵

電力システム工学
大久保 仁 編著 ■A5判・208頁

【主要目次】 電力システム工学の学び方／電力システムの構成／送電・変電機器・設備の概要／送電線路の電気特性と送電容量／有効電力と無効電力の送電特性／電力システムの運用と制御／電力系統の安定性／電力システムの故障計算／過電圧とその保護・協調／電力システムにおける開閉現象／配電システム／直流送電／環境にやさしい新しい電力ネットワーク

インターネットとWeb技術
松尾 啓志 編著 ■A5判・176頁

【主要目次】 インターネットとWeb技術の学び方／インターネットの歴史と今後／インターネットを支える技術／World Wide Web／SSL/TTS／HTML,CSS／Webプログラミング／データベース／Webアプリケーション／Webシステム構成／ネットワークのセキュリティと心得／インターネットとオープンソフトウェア／ウェブの時代からクラウドの時代へ

もっと詳しい情報をお届けできます。
◎書店に商品がない場合または直接ご注文の場合も右記宛にご連絡ください。

ホームページ https://www.ohmsha.co.jp/
TEL/FAX TEL.03-3233-0643 FAX.03-3233-3440

(定価は変更される場合があります)